하늘이 내린 선물, 순천만

하늘이 내린 선물, 순천만

초판 1쇄 발행일 2015년 4월 20일
초판 2쇄 발행일 2016년 3월 20일

글 강병국 사진 최종수
펴낸이 이원중

펴낸곳 지성사 출판등록일 1993년 12월 9일 등록번호 제10-916호
주소 (03408) 서울시 은평구 진흥로1길 4(역촌동 42-13) 2층
전화 (02) 335-5494 팩스 (02) 335-5496
홈페이지 지성사.한국 | www.jisungsa.co.kr 이메일 jisungsa@hanmail.net

ISBN 978-89-7889-302-2 (03470)

잘못된 책은 바꾸어 드립니다. 책값은 뒤표지에 있습니다.

이 도서의 국립중앙도서관 출판예정도서목록(CIP)은 서지정보유통지원시스템 홈페이지
(http://seoji.nl.go.kr)와 국가자료공동목록시스템(http://www.nl.go.kr/kolisnet)에서
이용하실 수 있습니다. (CIP제어번호: CIP2015009799)

하늘이 내린 선물,
순천만

강병국 글, 최종수 사진

지성사

들어가는 글

시간이 멈춘 곳,
약속의 땅을 찾아서

물은 정화와 갱생, 갯벌은 베풂과 풍요의 상징이다. 벌판에는 꿈과 희망이 영글고, 산에는 지성과 야망이 어우러진다.

물과 갯벌, 벌판과 산이 조화를 이루고 있는 곳, 약속의 땅 순천만이다. 그곳은 수많은 생명붙이들의 삶터이자 쉼터요, 고향이다.

뭇 사람들에게 그리움과 즐거움, 애환과 탄식 그리고 환희와 감동의 장소이기도 하다. 순천만이 있어 새들은 자맥질을 하고, 게들은 삶을 이어가며, 물고기는 숨을 쉰다.

우리의 때 묻지 않은 과거를 보기 위해 사람들은 다투어 순천만으로 발길을 옮긴다. 화가들은 갯벌의 기별을 화폭에 담고, 시인들은 통찰력과 심미안으로 갯벌을 예찬하며, 사진작가들은 원시의 숨결을 초점에 맞춘다.

포구의 해넘이는 그립거나 설움이다. 순천만이 한눈에 들어오는 용산전망대에서 보는 낙조는 원숙함의 미학이다. 갯벌의 해돋이는 바다와 벌판, 산과 하늘을 하나로 묶는다.

드넓은 갯벌에는 낯선 칠면초가 신비로운 자태를 뽐내고, 게들은 집을 지으며, 갯지렁이들은 구멍을 파 땅속에 생명력을 불어넣는다. 순천만의 다른 이름은 생명을 낳고 기르는 어머니다. 바다 밑 수서생물에서 작은 곤충, 하늘 위의 매까지 생명을 가진 모든 것들의 보금자리다.

저 멀리 갯벌 속으로 널배를 끌고 들어가는 아낙은 그 자체가 한 떨기 꽃이 된다. 배를 몰고 가는 어부의 검게 탄 얼굴, 살아 있는 것들에 호기심을 보내는 아이들, 그들은 하나같이 풍요를 꿈꾼다. 그것은 순천만의 넉넉함이 있기에 가능하다.

순천만은 봄을 잉태하고, 여름을 내뿜으며, 가을을 거둬들이고, 겨울을 인내한다. 순천만은 우리 모두가 보듬어야 할 자연생태계의 보고다. 순천만은 영감의 원천이요, 상상력의 창고이자 영적 성소(聖所)다. 순천만은 나눔의 모범이다.

순천만 드넓은 벌판에서 강병국

차례

1

하늘이 내린 선물, 순천만

_설렘이 있는 답사의 시작

순천만은 뭇 생명체를 온전히 키워낸다. 이른 아침과 저녁 무렵에는 평화와 고요가 자리하지만, 발길이 이어지는 한나절은 풋풋한 사람 냄새로 정겹다.

찌든 도심에서의 거칠어진 마음을 순화시키는 순천만은 온갖 감정을 쏟아부어도 너그러운 미소를 잃지 않는 어머니의 모습을 닮았다.

하늘거리는 갈대숲과 물감을 뿌려놓은 듯한 칠면초(七面草) 위로 노을이 내리고, 자연이 빚은 S자 수로 위로 물살을 가르는 탐사선이 어우러지면 한 편의 시(詩)가 된다.

순천시를 흐르는 동천과 이사천이 남해와 만나는 순천만의 들머리, 갯벌을 상징하는 갈대가 방문자를 맞이한다. 무성한 갈대숲 사이로 드러난 갯벌에는 사람들 발걸음 소리에 놀라 집으로 들어갔다 나오기를 반복하는 게들로 부산하다. 숭숭 뚫린 구멍은 방게, 농게, 칠게 등이 드나든 흔적이다. 더불어 물과 뭍을 오가며 사는 망둥어(망둑어)들이 천연덕스러운 표정으로 갯벌에 나와 있는 모습이 한가롭다.

데크로드를 따라 용산전망대에 오르면 드넓은 순천만이 한눈에 들어온다.

동천의 물이 바다로 나가면서 길게 S자를 그려냈다. 밀물 때가 되면 S자 물길이 사라진다. 물때에 따라 어떤 이는 아름다운 동양화 같은 S자 물길을 볼 것이고, 또 이떤 이는 바닷물이 갈대밭에 디 디기간 풍경만을 볼 것이다. 보지 못한 이는 아쉬움이 남을 것이고, 본 이는 신비한 체험을 하게 될 것이다. 그 길이가 10리(4킬로미터)에 이른다.

순천만 갯벌은 게들로 부산하다. 우리나라 해안에 서식하는 게는 대부분 순천만에서 볼 수 있다. 갓 드러난 갯벌이나 우거진 갈대숲 어디에서나 게를 볼 수 있다.

순천만의 S자 물길(위)

곡선은 자연이 만들고 직선은 사람이 만든다. 물과 갯벌이 합작해 더할 나위 없는 S자 물길을 만들었다. 용산전망대에서 바라보면 어떻게 저런 아름다운 선이 만들어졌는지 외경심이 절로 솟는다. 시간과 바람, 햇빛과 비가 어우러져 비경을 만들어냈다.

한여름의 갈대 군락(아래)

절정을 이룬 8월의 갈대숲, 파란 하늘과 하얀 뭉게구름이 어우러져 멋진 하모니를 연출하고 있다.

S자 물길을 따라 탐사선(탐조선)이 미끄러지듯 나아갔다 돌아오는 모습은 한 폭의 수채화가 된다. 그리고 붉은 물감을 풀어놓은 듯한 칠면초가 신비감을 더해준다. 동그란 모양의 갈대 군락지는 자연이 빚어낸 걸작이다. 갯벌에서 먹이를 찾고 있는 새들, 이곳이 생명의 터전임을 말해준다.

국내 연안습지 가운데 최남단에 위치한 순천만은 원형을 그대로 간직하고 있어 생태학적 보존가치가 높다.

순천만은 람사르(습지보전국제협약) 습지에 등록(2006년 1월)되었고, 천연

먹이활동에 나선 큰고니 무리

물이 빠진 갯벌에는 새들의 먹이가 다양해진다. 검은 갯벌 위를 순백의 큰고니가 먹이를 찾는 모습은 원시 숨결을 느끼게 하는 데 부족함이 없다.

기념물과 습지보호구역으로 지정(2003년 12월), 보호받고 있다.

내륙습지로 국내에서 원형을 그대로 간직한 데다 가장 오래되었으며 규모가 큰 습지가 경남 창녕의 우포늪이라면, 연안습지로 종 다양성이 매우 풍부하고 규모가 크며 원시의 숨결을 간직한 곳은 순천만이다. 그래서 생태학자들은 "내륙에 우포늪이 있다면, 연안에는 순천만이 있다"고 말한다.

갯벌과 갈대밭에서 관찰되는 새의 종류만도 230여 종에 이르고, 116종의 염생식물(소금기가 있는 땅에서 자라는 식물)과 곤충 그리고 포유·

순천만 갯골과 철새들

순천만 갯골 주변에 모여든 철새들이 갈대와 어우러져 멋진 장면을 연출한다.

대대포구 탐사선

순천만 여행의 출발점이다. 탐사선을 타고 갯벌 깊숙이까지 가보지 않았다면 순천만 여행을 했다고 할 수 없다. 인간과 자연의 접점을 고민한다면 탐사선의 소음을 최소화해야 한다는 지적도 있다.

양서·파충류 등을 합치면 서식하는 종은 1500여 종에 달한다.

여수반도와 고흥반도 사이에 위치한 순천만은 해수역이 75제곱킬로미터이며, 간조 때 드러나는 갯벌 면적은 12제곱킬로미터, 전체 갯벌 면적은 22.6제곱킬로미터다. 이 같은 갯벌 면적은 서울 여의도 30개를 합쳐 놓은 크기다.

순천의 동천과 이사천의 합류 지점에서 순천만 갯벌 앞부분까지의 갈대 군락은 5.4제곱킬로미터다.

댕기물떼새

머리 뒤쪽 검은색 긴 댕기깃이 있어 이름 붙인 이 새는 주로 곤충, 지렁이, 가재 등을 먹는다. 하천, 저수지, 논, 하구, 습지, 갯벌 등 다양한 지역에 도래하는 겨울철새다.

흰뺨검둥오리

수수하고 친근한 오리다. 가족애와 부부애가 좋은 새로 알려져 있다. 여름에는 암수 한 쌍이 짝을 지어 갈대, 줄, 창포 등 습지식물이 왕성하게 자라는 물가에서 살아간다. 겨울이 되면 짝을 이룬 개체가 모여들어 큰 무리를 형성한다.

순천만은 세계 5대 연안습지로서 당당한 위상을 갖추고 있다. 갈대밭과 칠면초 군락지, 갯벌이 한데 어우러져 염습지의 원형이 온전히 보존된 생명의 땅이다.

안개나루[霧津]라 불리는 대대포구는 순천만 여행의 출발점이다. 동천과 이사천이 합류하는 이곳에서 탐사선을 타봐야 순천만 여행의 맛을 음미할 수 있다. 갈대밭으로 둘러싸인 S자 수로를 미끄러지듯 달리면 수많은 새들과 마주하게 된다. 도감에 갇혀 있는 것이 아니라 자유로운 시선으로 바라보는 살아 있는 체험이다. 흰뺨검둥오리, 장식깃이 멋스러운 댕기물떼새, '백조의 호수' 주인공인 큰고니 무리도 정겹게 다가온다.

갈대의 향연

갈대 축제가 열리면 많은 사람들이 순천만으로 몰려든다. 푸르던 잎새가 갈색으로 변해 탐방객들이 가을의 서정을 느끼기에 부족함이 없다. 용산전망대로 오고 가는 사람들로 갈대숲은 가끔 인산인해를 이룬다. 데크로드를 편안하게 즐기려면 한적한 평일이 좋고, 휴일에는 이른 아침이나 저녁 무렵이 한가롭다.

순천만은 몇 차례의 간척사업으로 규모가 조금 줄어들긴 했지만 갈대밭과 칠면초 군락지, 갯벌 등 염습지의 모습은 원형을 그대로 유지하고 있다. 생성 연대는 약 8천여 년 전으로 추정된다.

대대포구에서 장산마을 앞 갯벌 체험장까지 이어지는 긴 둑길은 산책로 겸 생태탐방로였으나 지금은 폐쇄되었다. 대대포구의 무진교를 지나 갈대밭 사이로 난 데크로드를 따라 가면 용산이 나타난다. 용산은 산줄기가 마치 용이 누워 있는 형태라 해서 붙인 이름이다. 용이 승천하려다 순천만의 비경에 반해 그만 이곳에 주저앉았다는 전설이 내려온다. 평지인 갈대밭 데크로드가 편안한 느낌을 준다면, 용산으로 오르는 길은 조금 긴장감을 준다. 등산 시간은 약 30여 분이다.

용산전망대에 오르면 물 빠진 갯벌을 수놓은 S자 수로를 중심으로 갈대밭과 갯벌의 단풍이라 불리는 칠면초가 한눈에 들어온다.

학섬과 사기도, 애기솔섬 등으로 부르는 똥섬이 손에 잡힐 듯하다. 멀리 고흥의 팔영산이 수묵화처럼 펼쳐진다. 용산전망대에서 굽어보는 맛은 사계절이 색다르다.

봄에는 원형 갈대밭과 소금기가 많은 곳에서 자라는 염생식물인 칠면초가 연두색 싹을 틔운다. 여름이 오면 갈대밭은 초록색으로 물든다.

칠면초는 해안가에서 자라는 염생식물로, 칠면조처럼 일곱 가지 색을 띤다고 해서 붙인 이름이다.

철마다 색색의 옷을 갈아입는 모습이 매혹적이다. 해질녘 순천만

칠면초의 신비

가을이 되면 산에만 단풍이 드는 것이 아니다. 갯벌 깊숙한 곳에서 칠면초가 붉게 물들면 갯벌은 더욱더 깊은 풍취를 자아낸다. 염생식물의 천국, 순천만은 칠면초로 해서 태고의 신비를 오롯이 간직한 듯하다.

위로 철새들이 날아오르면 한 폭의 웅장한 풍경화를 보는 듯하다.

가을이 되면 갈대의 하얀 솜털이 해질 무렵 햇살에 젖어 황금색으로 변한다. 황금 들녘과 어우러져 순천만은 그야말로 파노라마가 된다.

눈[雪]이 귀한 남도이지만 한겨울에 눈이라도 내리는 날에는 눈 덮인 갯벌의 모습이 고혹적이다. 둥근 형태의 갈대밭에 내린 눈이 바닷바람에 날리고, 설원으로 변한 갯벌만 남아 신비감을 더해준다. 때맞춰 탐사선이 등장하면 수로에는 물결이 선율처럼 퍼져나간다.

2

우주의 축소판, 천의 얼굴

_순천만은 어떻게 생성되었나

순천만 갯벌은 서해안 갯벌과 별반 다를 바 없이 보이지만 하늘에서 내려다보면 전혀 새로운 모습이다. 서해안 만(灣)의 형태가 개방되어 있다면 순천만은 바깥에서 보면 왼쪽으로 고흥반도, 오른쪽으로 여수반도의 끝부분이 만의 입구를 막고 있는 형상(폐쇄형)으로 마치 호리병을 거꾸로 뒤집어놓은 모양새다. 그래서 바깥 바다로부터의 물 흐름이 매우 약해 밀물과 썰물로 생기는 조류에 따른 물질 공급의 비중이 낮고, 자연스레 바깥 바다로 이동하는 것도 매우 느리거나 차단된다. 대신 육지에서 흘러들어오는 하천(동천과 이사천, 해룡천)에서 공급받고 있는 상황이다.

이러한 지리적 특성으로 생성되었기에 순천만은 넉넉하고 풍요로운 모습이 되었다. 급격한 흐름이 없는 자연 특성은 단점보다는 장점이 많다. 육지에서 오염물질이 많이 들어오면 쉽게 빠져나가지 못해

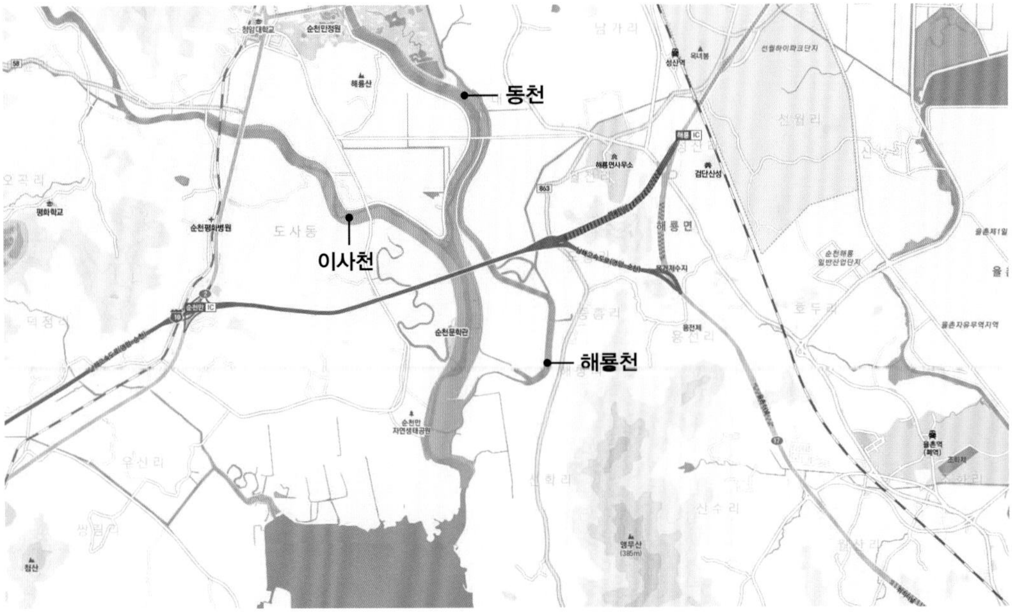

동천, 이사천, 해룡천(daum.net 지도에서 따옴)

피해를 줄 수 있지만, 자연환경이 온화해서 염생식물을 비롯한 갯벌 생물들이 생존하기에는 최적의 조건이다.

파도가 모래에 스며들었다가 물러나면 흔적이 사라지듯, 물이 빠져 흔적이 지워진 갯벌에는 게들이 먹이를 찾고 집을 짓느라 분주하다. 순천만은 '게판'이라고 할 정도로 게가 많다. 또한 다양한 갯지렁이를 비롯해 맛조개, 꼬막, 낙지, 키조개 등 많은 종이 서식하는 공간이다.

자연이 빚은 걸작, 순천만을 가장 순천만답게 하는 식물은 갈대다. 10리에 걸쳐 갈대밭이 펼쳐진다. 전설에 따르면 억새와 갈대는 산에서 살았다.

순천만의 갯벌은 그야말로 '게판'

갯벌 위로 무리 지어 기어 다니는 게들이 없다면 갯벌은 살아 있다고 할 수 없을 것이다. 게들이 있어 갯벌은 정화되고, 생명력을 얻는다. 어쩌면 갯벌을 가장 갯벌답게 하는 것이 게인지 모른다.

개개비

개개비 둥지

갈대밭 속의 노래꾼 개개비는 여름의 전령사다. 짝을 찾는 구애작전으로 갈대숲에 생명력을 불어넣는다. 일정한 세력권을 점유하며 다른 종보다 서식밀도가 높다. 풀 사이를 옮겨 다니면서 먹이를 찾는다. 갈대와 풀밭 속에서 이삭 끝에 앉아 소란스럽게 지저귄다. 번식을 위해 알을 품는 시기에는 갈대숲이 정적에 잠긴다. 천적으로부터 알을 보호하기 위해서다.

갈대

순천만을 대표하는 새가 흑두루미와 개개비, 도요류라면 식물은 갈대와 칠면초다. 갯벌을 가장 갯벌답게 하는 식물은 갈대다. 갈대밭이 없는 순천만은 상상하기조차 어렵다. 가을 무렵의 갈대숲은 쓸쓸함을 자아낸다.

갈대(위)와 억새(아래, 인천광역시 강화군 고려산에서 촬영: 사진© 지성사)는 비슷하게 보이지만 외형상으로 갈대는 약간 크고 풍성한 느낌이며, 억새는 약간 가녀린 느낌이다.

어느 날 억새와 갈대는 함께 바다로 길을 떠나기로 했으나 억새가 돌연 마음을 바꿨다. 갈대는 함께 가자고 설득했지만 억새는 억지를 부려 바닷가로 가지 않았고, 갈대는 갈 때까지 가서 갈대가 되었다. 그래서 억새는 지금도 산에서 살고, 갈대는 바닷가에서 주로 살아가고 있다.

갈대와 억새는 꽃이 피었을 때 갈색(갈대)과 흰색으로 구별되며, 갈대는 습한 곳에서 자라고 억새는 마른 땅에서 자라는 것으로 비교된다. 갈대와 억새를 보면서 자연환경의 변화도 관찰할 수 있다.

갈대가 자라는 곳은 대부분 습지라고 할 수 있고, 모새달이 같이 자라면 강가나 바닷가라 할지라도 그 지역은 서서히 육지로 바뀌고 있다고 보면 된다.

갈대의 흔들림과 바람 소리에 따라 걷다 보면 사람도 자연의 일부가 된다.

봄에는 싱그러움이, 여름은 충만함이, 가을에는 원숙함이, 그리고 겨울은 비움의 미학을 볼 수 있다.

바람이 불면 부는 대로, 비가 오면 오는 대로, 눈이 내리면 내리는 대로, 구름이 끼거나 화창한 날씨이거나 갈대밭은 천의 얼굴로 방문객을 맞이한다.

갈대는 뿌리의 일부나 씨앗이 바닷물에 떠돌다가 자랄 조건이 맞으면 그곳에 뿌리를 내린다. 순천만의 지리적 조건에 따라 광범위하게 갈대밭이 형성된 것이다. 갈대는 개개비와 붉은머리오목눈이 같은 작은 새들에게 보금자리와 은신처가 된다.

갈대 뿌리

생명력이 강한 갈대는 뿌리를 통해 토양을 정화시키고 수질을 맑게 한다. 번식력이 왕성해 조건이 맞으면 넓은 지역으로 세력을 넓힌다.(사진© 지성사)

갈대 생태를 보면 갈대의 숨어 있는 가치를 알 수 있다. 갈대의 줄기는 땅 위로 드러난 지상줄기와 땅 밑으로 자라는 지하줄기로 나뉜다. 지하줄기는 다시 수직 방향으로 자라는 것과 수평 방향으로 자라는 것으로 나뉘는데, 수평 지하줄기의 경우 깊이는 보통 40~100센티미터이며, 최대 지하 2미터까지 자라는 것도 있다. 이 지하줄기에는 식물이 호흡과 광합성에 필요한 공기가 통하게 되어 있는 조직, 즉 통기조직이 잘 발달해 있다. 이 통기조직을 통해 잎과 줄기에서 흡수한 대기 중의 산소가 땅속 토양까지 전달되면서 토양의 미생물이 쾌적하게 살아간다. 그 결과, 미생물은 활발하게 유기물을 분해한다.

이렇듯 갈대, 칠면초 등 염생식물은 수질을 정화하는 등 갯벌을 풍요롭고 건강하게 한다.

식물이 살아가는 데 필요한 미네랄(무기질 영양소)인 질소(N), 나트륨(Na), 칼륨(K), 인(P) 등을 통틀어 영양염류라고 한다. 물속에 녹아 있는 질소와 인의 농도가 높아지면 플랑크톤(녹소류)이 급속하게 번식하는데, 이를 부영양화 현상이라고 한다. 이런 현상이 벌어지면 수중의 산소 농도가 급격히 낮아져 수중 생태계가 파괴된다. 하지만 질소와 인은 식물에 없어서는 안 될 중요한 영양소로, 갈대와 같은 식물이 넓게 분포한다면 물속에 지나치게 많이 녹아 있는 이 영양소들을 빨아들여 영양염류가 조절된다.

또한 식물 뿌리에는 토양 속 중금속과 친화력이 높은 중금속제거단백질(phytochelatin)이 있어 이 단백질과 중금속이 결합해 식물 뿌리에 있는 액포라는 기관에 저장되어 중금속 농도를 낮춰 오염으로부터 토양을 지켜낼 수가 있다.

갈대밭을 생활 터전으로 살아가는 생물들에 의해 물질순환이 일어나기도 한다. 대표적으로 갈대밭에 사는 방게를 들 수 있다. 방게는 평균 지름 3센티미터, 깊이 15센티미터의 땅굴을 비스듬하게 파고 산다. 이 땅굴은 물이 들어오면(밀물) 무너지지만, 물이 빠지면(썰물) 방게가 또다시 부지런히 땅굴을 판다. 결과적으로 갈대밭의 토양은 조석의 주기(밀물과 썰물)에 따라 하루 두 번씩 밭갈이가 되는 셈이다.

농게 수컷

갈대밭에 방게가 있다면 갯벌에는 농게가 있다. 농게는 갯벌에 수직으로 구멍을 파고 살며 그 깊이가 약 80센티미터에 이르기도 한다. 등껍질의 윗면은 푸른빛이고 수컷의 큰 집게다리는 붉은빛을 띤다. 물이 빠져나가면 갯벌에 나와 무리 지어 먹이를 찾는 모습을 볼 수 있다.

사람들이 인식하지 못하고 있지만, 갈대밭은 역동적인 움직임으로 생명력이 넘쳐난다.

바다와 육지 사이에서 끊임없이 변화하는 땅, 갯벌에는 향수를 자극하는 냄새가 있다. 갯벌에 의지하여 살아가는 사람과 새, 게와 갈대가 한데 어우러져 멋진 하모니를 연출한다.

어부들에게는 생업을 위한 터전이고, 새들에게는 지친 날개를 접는 안식처이자 에너지를 충전하는 장소다. 민물과 바닷물이 교차

하는 이곳에서 칠면초와 퉁퉁마디, 갯질경 등은 풍부한 영양을 섭취한다.

갯벌은 물속에 녹아 있는 오염물질을 제거하고, 분해하는 역할을 하기에 주변에서 흘러드는 오염된 물을 깨끗하게 정화한다. 뛰어난 자정능력으로 갯벌은 '생태계의 콩팥'이라는 별명을 얻었다.

육지에서 오염물질이 흘러들면 맨 먼저 갯벌과 만나는데 갯벌의 가장자리에서 서식하는 염생식물과 갯벌에서 생활하고 있는 다양한 플랑크톤은 물론, 다른 생물들이 이 오염물질을 활발하게 흡수하고 분해한다.

갯벌 1제곱킬로미터에 있는 미생물이 오염물질을 분해하는 능력은 도시 하수처리장 한 곳의 처리능력과 맞먹는다.

5백 마리의 갯지렁이는 하루에 한 사람이 배출하는 2킬로그램의 배설물 양을 정화한다고 한다.

갯벌은 오염정화 기능은 물론, 어류 생산과 서식지 역할을 하고, 심미적 아름다움, 홍수와 태풍 조절을 하는 등 그 역할이 다양하다.

그렇다면 갯벌의 경제적 가치는 어느 정도일까? 학자들에 따르면, 농경지에 비해 같은 면적당 최고 100배 이상의 가치를 지닌다고 한다. 갯벌은 수산물의 생산과 해양생물의 서식지로서의 가치와 자연재해 조절, 생태체험장으로서의 기능, 학술적 가치 등을 합치면 그 어떤 생태계나 구조물보다 높은 가치를 지닌다고 할 수 있다.

갈대숲은 사계절 그 모습이 다르다. 햇살과 바람의 방향에 따라 금빛, 은빛, 갈색 빛으로 무한 변신한다. 이곳 갈대숲은 우리나라에서 가장 규모가 크다. 갈대 잎이 갈색으로 변할 즈음에 열리는 갈대 축제에는 탐방객들로 인산인해를 이룬다.

갈대는 벼과의 여러해살이풀이다. 민물과 바닷물이 만나는 기수역에서 잘 자란다. 갈대꽃은 9월에 피어나지만 갈대숲은 흰색 포자가 터지는 10월 말부터 11월 초순까지가 가장 화려하다.

순천만을 대표하는 새가 흑두루미라면 식물은 단연 갈대다. 봄에는 묵은 갈대 사이로 새싹이 돋아나 갯벌에 생명력을 불어넣고, 여름에는 온통 초록 세상을 만든다. 가을에는 갈색으로 갈아입고, 겨울에는 모든 짐을 내려놓은 뒤 북녘의 진객 두루미들을 맞이한다.

3

위대한 자연유산, 갯벌

_생물 종 다양성의 보고

1990년대까지만 해도 우리나라에서는 갯벌을 간척해 농지로 만들 것인가, 아니면 갯벌을 그대로 둘 것인가를 놓고 논란을 벌였다. 2000년대 들어 갯벌이 어민들의 소득증대는 물론, 수질을 정화하며 생물 종 다양성의 보고라는 인식과 더불어 생태관광의 명소라는 경제적 가치에 관한 믿음이 확산되면서 간척에 대한 반대 여론이 자리 잡았다.

1997년 〈네이처*Nature*〉 지는 갯벌의 단위면적당 생태적 가치는 숲의 10배라고 밝혔다(갯벌 $1km^2$당 가치는 미국 달러로 99만 달러, 농경지는 9200달러). 이후 해양수산부에서 2013년 7월에 발표한 「해양생태계 기본 조사(2006~2013)」의 분석 결과에 따르면, 우리나라 갯벌에는 총 1141종의 해양생물이 살고 있다. 특히 크기가 1밀리미터 이상인 대형 저서동물 종수는 717종으로, 세계유산으로 지정된 바덴 해(Wadden Sea, 네덜란드·

독일·덴마크 3국이 관리하는 유럽 북해 연안 해역) 갯벌의 168종보다 4배 이상이 많은 생물이 서식하고 있다. 바덴 해 갯벌 면적(4600km²)의 약 절반인 우리나라 갯벌(2489.4km²)에서 출현한 종수가 4배 이상 많다는 것은 해양생물 다양성이 월등히 높다는 것을 말한다. 2013년 해양수산부는 경제적 가치를 평가해 발표했는데 갯벌 단위면적당(1km²) 연간 제공가치는 약 63억 원이며, 이를 우리나라 전체 갯벌 면적에 적용하면 총 경제적 가치는 약 16조 원에 달한다.

해양수산부는 갯벌의 가치평가(16조 원/km²/1년)를 갯벌의 5대 기능별 가치(수산물 생산, 수질 정화, 여가 제공, 서식처 제공, 재해방지)와 보전 가치로 구분하여 실시했는데 높은 순서대로 표시하면 다음과 같다.

＊ **기능별 가치(단위: 억원/km²/년, 2012년 12월 기준)**
: 수산물 생산(17.5) 〉 서식처 제공(13.6) 〉
수질 정화(6.6) 〉 재해방지(2.6) 〉 여가 제공(2.5)

＊ **보전 가치:** 20.3

해양수산부가 밝힌 갯벌의 경제적 가치 산출 방법

- 수산물 생산 기능, 수질 정화 기능, 여가 제공 기능, 서식처 제공 기능, 재해방지 기능은 국내 갯벌을 대상으로 한 다양한 기존 연구사례를 종합하여 산정하였음.
- 보존 가치는 미국 해양대기청(NOAA) 및 환경청(EPA)이 환경재화의 보존가치를 평가할 수 있는 방법으로 추천한 조건부 가치측정법을 적용하여 산정함. 조건부 가치측정법이란 일반 국민들을 대상으로 한 설문조사를 통해 갯벌의 보존에 대한 지불 의사액을 유도하는 기법.

이렇게 갯벌의 가치가 크게 높아지면서 세계 여러 나라는 갯벌을 복원하기 위해 많은 노력을 기울이고 있다. 우리나라에도 복원 사례가 있다.

전남 장흥면 사촌리에 위치한 섬 장재도(0.45km^2)는 지난 1950년대에 사촌리 주민들이 농토와 어장이 있는 이곳 섬까지 배로 오가는 불편을 덜기 위해 장흥군에서 360미터의 둑을 쌓아 육지와 연결했다. 하지만 이때부터 물길이 막히면서 제방 안쪽으로 계속 펄이 쌓였다. 조류에 밀려온 쓰레기와 육지에서 흘러드는 더러운 하수가 밖으로 빠져나가지 못하고 썩어 날이 갈수록 오염이 심해졌다.

이 같은 문제를 해결하기 위해 장흥군은 2006년 1월 연결도로 개설비 등을 포함해 75억 원을 들여 바닷물 소통 개선에 나섰다. 50여 년간 바닷물 흐름을 막고 있던 제방 360미터 중 120미터 구간을 헐어냈다. 대신 그 구간에 너비 11미터 규모의 다리를 건설해 마침내 2007년 10월 그 아래로 바닷물이 흐르게 되었다. 죽은 펄이 되살아나고, 바지락과 꼬막이 돌아와 갯벌은 다시 활기가 넘쳐났다. 조류 흐름이 원활해지면서 썩은 퇴적층의 갯벌이 씻겨 나가게 되어 어업 생산량이 눈에 띄게 늘어났다.

득량만에서 일어난 이 작은 기적이 간척지를 갯벌로 되돌리고, 훼손된 갯벌을 원형으로 돌려놓는 인간 의지에 불을 지폈다.

4

흑두루미의 낙원, 철새의 보금자리

_순천만의 새

순천만은 흑두루미를 비롯해 큰고니, 노랑부리저어새, 알락꼬리마도요 등 많은 종의 철새들이 찾아오는 보금자리다.

순천시가 2010년 4월부터 2011년 3월까지 1년 동안 순천만에서 관찰한 조류는 총 159종 11만 5329마리였다.

이 가운데 종수의 55.35퍼센트(88종), 총 개체수의 91.98퍼센트(10만 6085마리)가 물새류였다. 순천만이 물새 서식지로 최적의 조건을 갖추고 있음을 보여준다.

1년 중 1월에 가장 많은 82종, 4만 3104마리의 철새가 관찰되었다. 여러 종의 새와 수많은 새들의 생태, 서식지 따위를 관찰하고 싶다면 1월에 순천만을 찾을 일이다. 그 다음으로 많이 관찰된 시기는 4월이었다.

순천만과 인근 지역에서 번식하는 종은 총 54종이고, 여름철새인 백로류가 집단 서식하는 번식지가 3곳인데, 대략 5000여 마리가 서식하고 있는 것으로 조사되었다.

순천만에서 관찰된 멸종위기종 및 법적 보호종 등 희귀조류는 총 34종 3만 2393마리에 이른다. 대부분 겨울철새로 매년 증가하는 경향을 보이고 있다. 특히 람사르협약에서 정한 국제적 중요성 범주에 드는 이동경로 개체군의 1퍼센트 이상에 해당하는 종은 모두 5종으로 혹부리오리(1.33%), 가창오리(3%), 흑두루미(5.99%), 뒷부리도요(2.21%), 검은머리갈매기(8.71%)로 확인되었다.

두루미류는 2014년 12월 25일 최대 1005마리가 관찰되어 천학의 도시, 순천이라는 명성을 얻게 되었다. 2015년 11월 15일 흑두루미 1106마리, 검은목두루미 3마리, 큰고니 45마리가 관찰되었고, 12월 6일에는 흑두루미 1097마리, 노랑부리저어새 10마리, 기러기 51마리가 목격되었다.

이처럼 지속적인 개체수의 증가는 안정적인 서식환경 정책, 시민들과 탐방객들의 성숙한 시민의식 등에 따른 것으로 풀이하고 있다.

도요·물떼새류는 누적 개체수 총 28종 2만 2802마리로 나타났고 △봄철(4월~5월)에 최대 22종 5843마리 △여름·가을철(7월~10월)에 최대 23종 4036마리 △겨울철(11월~2월)에 최대 13종 1835마리가 각각 확인되었다. 도요·물떼새류는 연중 관찰이 가능해 순천만이 새들의 낙원임을 보여준다.

순천만에서 관찰된 갈매기류는 총 7종 9912마리로, 여름에 관찰된

쇠제비갈매기와 괭이갈매기 2종을 제외한 갈매기, 재갈매기, 큰재갈매기, 붉은부리갈매기, 검은머리갈매기 등 5종은 주로 겨울에 관찰되었다.

순천만의 대표적인 물새인 오리과 철새가 가장 많아 총 19종 6만 8633마리가 도래하는 것으로 확인되었다. 오리류 중 대형종인 큰고니가 52마리 관찰되었고, 가창오리는 3만 마리가 넘는 대집단이 찾아들었다. 반면에 혹부리오리는 매년 감소하는 추세인데, 전년(2009~2010년 겨울)의 절반에도 못 미치는 45.2퍼센트로 감소했다.

순천만이 새들의 보금자리로 자리매김한 것은 △연안지역에 흘러든 해양쓰레기 수거 △농경지에 대한 생물 다양성 관리계약 사업 시행 △철새 이동을 방해하는 전봇대 철거 등이 큰 몫을 한 것으로 분석된다.

물새(waterbirds)는 람사르협약에서 습지에 생태학적으로 의존하여 사는 철새를 일컫는다. 논병아리류, 가마우지류, 백로류, 오리류, 기러기류, 두루미류, 도요·물떼새류, 갈매기류, 일부 맹금류 등 광범위한 분류의 철새들이 이 범주에 속한다.

순천만에서 번식하는 조류는 인근 지역에서 번식하는 것을 포함, 54종이었다. 이 가운데 △덤불해오라기, 개개비, 개개비사촌 등 3종은 갈대밭과 인근의 풀밭에서 △검은등뻐꾸기, 두견이, 소쩍새 등 35종은 민가와 야산에서 △논병아리, 청둥오리, 쇠물닭 등 4종은 습지에서 각각 번식하는 것으로 조사되었다.

혹부리오리

부리와 다리가 붉다. 하늘을 날 때 흰색과 검은색의 깃털이 뚜렷이 대조를 이룬다. 갯벌에서 부리를 펄에 대고 훑으며 먹이를 찾는다. 갑각류나 물고기 등 동물성 먹이와 해조류 등 식물성 먹이를 먹는다.

알락도요

봄, 가을에 이동할 때 2~3마리 또는 5~6마리씩 무리 지어 물가나 습지, 논 등지에 내려앉는다. 번식기에는 하늘 높이 날아올라 원을 그리면서 시끄럽게 울어댄다.

알락꼬리마도요

멸종위기 야생동·식물 Ⅱ급으로 봄과 가을에 우리나라를 찾는 나그네새이며, 부리와 다리가 매우 길다. 우리나라를 찾는 도요새 중 가장 덩치가 크다. 주로 게를 잡아먹으며 갯지렁이, 물고기 등도 잡아먹는다.

흑두루미

순천만의 깃대종이기도 하다. 흰 머리와 목을 제외한 온몸이 회색빛이 도는 검은색이며 이마에 붉은 점이 있다. 마치 수녀복을 입은 듯한 느낌을 준다. 해마다 1432마리(2016년 현재)가 넘는 흑두루미가 순천만에 찾아옴으로써 우리나라 최대 월동지로 자리매김하고 있다.

쇠제비갈매기

몸길이가 24센티미터이며 순천만에서 어렵지 않게 관찰된다. 부리는 노랗고 발은 적황색이다. 공중에서 다이빙하여 물고기를 사냥하며 정지비행을 잘한다.

검은머리갈매기(여름깃)

전 세계 생존 집단 수가 3천 쌍 이내로 추정되며, 멸종위기 야생동·식물 Ⅱ급이다. 갯벌에서 갯지렁이, 게, 작은 물고기 등을 잡아먹는다. 붉은부리갈매기와 비슷하나 몸집이 작고 부리가 검은색이다.

검은머리갈매기(겨울깃)

붉은부리갈매기

부리와 다리가 붉다. 여름에는 머리가 흑갈색이지만 겨울에는 백색이다. 갯벌 등지에서 무리를 지어 겨울을 난다.

재갈매기

덩치가 크고 성격도 거칠다. 버려진 물고기나 음식 등을 먹기 위해 배 뒤를 따라다니기도 한다. 다른 새들의 알이나 사체까지 먹어치워 바다의 무법자라는 별명을 얻었다.

괭이갈매기

우리나라 텃새로 번식도 많이 한다. 괭이갈매기라는 이름은 울음소리가 고양이의 울음소리와 비슷하다고 해서 붙였다.

큰고니

목이 긴 대형 물새로, 목을 곧게 뻗고 부리를 수면과 평행하게 날아다닌다. 주로 습지나 갯벌에서 수초의 뿌리를 즐겨 먹는다.

가창오리 암수

수컷은 원앙처럼 화려한 자태로 얼굴에 태극문양이 선명하다(오른쪽). 암컷은 수수하고 덩치는 수컷과 비슷하다(왼쪽).

또 △백로류, 검은댕기해오라기 등 7종은 섬과 대숲에서 △꼬마물떼새, 흰물떼새, 알락할미새 등 4종은 하천변에서 △검은머리물떼새는 무인도에서 각각 번식했다.

멸종위기 및 법적 보호종

순천만에서 관찰된 멸종위기종 및 법적 보호종 등 세계적 희귀조류는 총 34종 3만 2393마리였으며, 이 가운데 환경부 지정 멸종위기 야생동·식물은 총 27종(Ⅰ급 5종, Ⅱ급 22종)이었고, 천연기념물 18종, IUCN(국제자연보전연맹) 적색자료 목록에 등재된 종은 12종이었다.

적색자료 목록은 지난 1966년에 처음 발간한 자료집의 표지가 위기를 나타내는 붉은색이어서 '적색자료집(Red Data Book)'이라고 부르게 되었다.

순천만에서 관찰된 조류 가운데 멸종위기 야생동·식물 Ⅰ급은 황새, 저어새, 매, 청다리도요사촌 등이다. IUCN 적색자료 목록에 등재된 종은 황새, 노랑부리저어새, 저어새, 개리, 독수리, 흑두루미, 재두루미, 흑꼬리도요, 마도요, 알락꼬리마도요 그리고 전 세계적으로 생존개체수 1000마리 미만으로 알려진 희귀철새인 청다리도요사촌, 고대갈매기, 검은머리갈매기 등 12종이다.

2010년 5월 유엔에서 발표한 '제3차 세계 생물 다양성 전망' 보고서에 따르면, 조류 1만여 종, 양서류 5천여 종, 포유류 5천여 종이 멸종위기에 직면해 있으며, 멸종 속도는 이전보다 무려 1000배나 빠르다.

은빛 물결 위의 큰고니

최근 순천만을 찾아오는 큰고니 개체수가 부쩍 늘어나고 있다. 갯벌에서 수초의 뿌리를 즐겨 먹는 큰고니가 순천만을 찾는 것은 풍부한 먹이와 안전한 잠자리가 보장되기 때문이다.

가창오리의 비상

가창오리는 군집성이 강하다. 가창오리의 대부분이 우리나라에서 월동하며, 순천만에 3만여 마리가 찾아와 화제가 되기도 했다. 야행성인 가창오리는 해가 질 무렵 아름다운 군무를 펼치며 환상적인 분위기를 연출한다. 이 아름다운 군무는 지구상에서 우리나라에서만 볼 수 있다.

개개비사촌

수컷이 높이 솟구쳐 구애행동을 한다 하여 '구름지우개'라고 부른다. 순천만 주변 풀숲에 조롱박 모양의 둥지를 튼다.

덤불해오라기

덩치가 매우 작은 해오라기로 주야에 관계없이 활동하며, 수초에 앉아서 물고기, 새우, 개구리 곤충류 등을 잡아먹는다.

소쩍새

서정주 시인이 "한 송이 국화꽃을 피우기 위해 소쩍새는 그렇게 울었나 보다"고 노래한 소쩍새는 여름철새다. 낮에는 어딘가에 꼭꼭 숨어 있다가 어둠이 내리면 움직이는 야행성으로 천연기념물 제324-6호다.

청둥오리

전국에서 월동하는 가장 흔한 겨울철새로, 일부 청둥오리는 텃새화가 되어 우리나라에서 번식하기도 한다.

논병아리

텃새이자 겨울철새로 우리나라 전역의 습지나 저수지에서 번식한다. 수상가옥을 짓고 알이 부화하면 새끼를 등에 업어서 키운다.

쇠물닭

뜸부기과의 조류로 여름철새이며, 수초 사이를 숨어 다니기를 좋아한다. 수초 사이에 둥지를 틀고 새끼를 키운다. 최근 월동하는 개체수가 늘어나고 있다.

노랑할미새

3월 중순에 우리나라를 찾아와 번식하는 여름철새다. 흐르는 물가에 앉아 깃을 다듬으며 꼬리를 위아래로 자주 흔드는 습성이 있다.

백할미새

알락할미새의 아종으로 겨울철새다. 습지에서 주로 먹이를 찾으며, 날개 끝과 목, 배 부분이 희다.

알락할미새

모두 11종의 아종이 있으며, 국내에는 6종의 아종이 기록되어 있다. 3월 초순이면 냇가나 하천, 농경지와 구릉지 등 도시와 농어촌 어디에서나 쉽게 볼 수 있다.

꼬마물떼새

우리나라에서 흔한 여름철새로, 꼬마처럼 몸집이 작고 물가에 떼를 지어 살아 꼬마물떼새라고 부른다. 자갈밭이나 모래밭에 둥지를 튼다.

검은댕기해오라기

우리나라 하천, 산간 계류에서 서식하는 흔한 여름철새다. 검은댕기해오라기는 물고기를 잡기 위해 곤충이나 나뭇잎을 '미끼'로 삼는다. 미끼를 던져놓고 물고기가 다가오면 잡아먹는다.

흰물떼새

흔한 나그네새로 적은 수가 월동한다. 염전과 간조 시 갯벌, 바닷가 모래밭에서 생활한다.

검은가슴물떼새

흔한 나그네새로 적은 수가 낙동강 하구와 순천만에서 월동한다. 머리와 가슴, 배가 검다. 논밭에서 떼 지어 살며 곤충이나 풀씨 따위를 먹는다.

청둥오리의 비상

눈이 내리는 순천만 대대들녘에서 먹이활동에 나선 청둥오리가 무엇에 놀랐는지 땅을 박차며 날아오르고 있다. 겨울철새의 대명사로 집오리의 원종이다. 잡식성으로 풀씨와 물이끼, 곤충, 갑각류 등을 먹는다. 주로 습지나 갯벌에서 들녘으로 오가며 집단생활을 한다.

야생동식물의 멸종과 개체수 감소는 생물 종 다양성을 위협하고, 일부 종의 멸종은 전체 생태계의 균형을 무너뜨린다.

지금 자연생태계는 나뭇조각 쌓기 놀이인 젠가(Jenga)에 비유할 수 있다. 젠가는 아프리카 스와힐리어로 '세우다, 쌓아올리다'라는 뜻인데 놀이 방법은 나뭇조각을 쌓아놓은 상태에서 무작위로 조각 하나를 빼서 위에 다시 쌓아가는 놀이로, 쌓은 나뭇조각을 무너뜨리면 진다. 이 놀이를 할 때 나뭇조각 하나를 잘못 뽑으면 전체가 무너지는 것처럼, 생태계도 한 종이 멸종하는 것에 그치는 것이 아니라 생태계 전체가 무너져 내릴 수 있다.

마도요

비교적 흔하게 우리나라를 지나는 나그네새이며, 일부는 하구나 갯벌에서 월동한다. 부리가 길고 아래로 휘어져 있다. 긴 부리를 이용해 갯벌에 숨어 있는 게를 잡아먹는다.

노랑부리저어새

천연기념물 제205-2호인 노랑부리저어새는 우리나라에서 몇몇 곳에만 관찰되는 귀한 겨울철새다. 대부분의 철새도래지에서는 노랑부리저어새가 줄어들고 있지만, 순천만에서는 월동하는 개체수가 늘어나고 있다.

독수리

독수리의 '독(禿)'은 대머리를 뜻한다. 겨울철새로 천연기념물 제243-1호로 지정·보호하고 있으며, 하늘의 제왕이라고 불리기도 한다.

황새

천연기념물 제199호이며 국제자연보전연맹 적색자료 목록에 위기종으로 분류된 국제보호조이다. 주로 습지나 논에서 풍년새우, 개구리, 어류 등을 잡아먹는다.

재두루미

두루미보다 덩치가 조금 작고, 흑두루미보다는 조금 크다. 붉은 뺨 안에 작고 동그란 노란색의 눈이 있다. 흰 목에 회색 띠가 있고, 몸은 잿빛이다. 천연기념물 제203호로 지정·보호하고 있는 귀한 겨울철새다.

뒷부리장다리물떼새

가늘고 길며 위로 굽은 부리 때문에 다른 종과는 전혀 혼동할 염려가 없는 독특한 새다. 물이 얕은 곳에서 부리를 조금 벌리고 앞뒤로 흔들며 먹이를 찾는다.

매

매 하면 떠오르는 것이 매사냥이다. 매사냥은 매를 훈련시켜 야생의 꿩, 토끼 등을 잡는 방식으로 400년 이상 지속되어온 인류문화유산이다. 매의 시력은 사람보다 8배나 좋다. 사냥할 때에는 공중에서 시속 320킬로미터의 속력을 낸다. 비둘기, 꿩, 토끼, 쥐 등을 잡아먹는다.

검은머리갈매기(위) 우리나라에서 보기 드문 겨울철새이지만 순천만에서는 쉽게 만날 수 있다. 일부 무리는 인천 송도 매립지에서 번식하며, 순천만 갯벌에서는 적지 않은 개체가 월동한다.

쇠찌르레기(가운데) 우리나라에 드물게 통과하는 나그네새로 일부는 번식하기도 한다.

장다리물떼새(아래) 빨갛고 긴 장화를 신은 듯한 다리가 늘씬하다. 부리도 가늘고 길다. 진흙과 수초를 헤쳐가며 갑각류와 작은 수서동물을 먹는다.

특이종

순천만에서 관찰되는 특이한 종은 봄에 4마리 관찰된 장다리물떼새와, 겨울에 모습을 나타내는 뒷부리장다리물떼새다.

2010년대에 들어 개체수가 감소하는 밀화부리 8마리가 2011년 1월에 관찰되었고, 흔치 않은 나그네새인 쇠찌르레기 1마리가 봄에 관찰되었다.

매우 희귀한 겨울철새인 황새는 2010년 11월 9일과 10일에 순천만의 대대들녘에서 관찰되었는데 이는 1996년과 2003년 이후 세 번째 관찰기록이다.

순천만의 상징이자 순천시의 시조(市鳥)인 흑두루미는 전 세계에 1만여 마리가 남아 있는 멸종위기종으로 국제자연보전연맹의 적색자료목록에 취약종(VU)으로 분류되어 있으며, 천연기념물 제228호이다.

국내 흑두루미 월동지는 2010년 이전까지는 낙동강변의 대구 달성습지, 고령군 다사면 등지가 각광을 받았으나 골재 채취, 비닐하우스 증가, 도시의 팽창과 함께 4대강 사업 등으로 월동지 기능이 상실되어 낙동강 일대에서는 잘 관찰되지 않는다.

이에 따라 국내 최대 흑두루미 월동지는 순천만이며, 천수만과 연천, 철원 등지에서 가끔 관찰되는 정도다.

흑두루미는 주요 월동지인 일본 이즈미를 오가는 동안 국내의 철원평야, 한강 하구, 김포평야, 구미 해평습지, 창원 주남저수지, 낙동강 하구, 제주도 등 여러 지역을 중간 기착지로 이용하고 있다.

순천만에는 1996년과 1997년에 75개체가 관찰된 이후 월동하는 개체수가 꾸준히 증가하는 추세를 보이고 있어 여간 다행한 일이 아니다.

국내에는 두루미류 가운데 두루미와 재두루미, 흑두루미, 쇠재두루미, 시베리아흰두루미, 캐나다두루미, 검은목두루미 등 7종이 관찰된다.

이 가운데 순천만에서는 흑두루미, 검은목두루미, 재두루미, 캐나다두루미, 시베리아흰두루미 등을 관찰할 수 있어 두루미의 낙원이라 할 만하다.

두루미가 우리나라로 날아올 즈음의 시베리아 날씨는 최고 영하 50도에 이르러 거의 모든 강과 습지가 얼어붙기 때문에 먹이활동이 불가능해진다. 그에 비해 우리나라의 겨울은 상대적으로 따뜻하다. 혹한기에 일부 지역의 강은 얼기도 하지만 남부지방에서는 강과 습지 등이 얼어붙는 날이 그리 많지 않아 먹이활동이 수월하다.

두루미는 중국의 접경지역인 북만주, 삼강평원(송화강, 흑룡강, 우수리강이 합류하는 곳), 일본의 홋카이도 등지에서 번식하는 것으로 알려져 있다.

일부일처제의 번식체제를 유지하며, 알은 2개를 낳고 암수가 어린 새를 이듬해 4~5월까지 보살핀다. 겨울철에 찾아오는 일반 새와 달리, 두루미는 번식기에 형성된 가족군을 유지하는 독특한 새다.

학(鶴)이라고 부르는 두루미는 민간신앙이나 도교에서 불로장생(不老長生)을 상징하는 십장생(十長生)의 하나로, 예부터 장수의 상징으로 여겨왔다. 두루미는 전 세계에 15종이 있다.

대부분의 새들은 땅 위에 웅크리고 자거나 나무 위에서 휴식을 취하지만 두루미는 추운 겨울 갯벌과 늪, 저수지 등지에서 한 발로 서서 쉴 때가 있다. 이처럼 탁 트인 곳에서 먹이를 찾고 휴식하며, 잠을 자는 것은 천적으로부터 자신을 보호하기 위해서이다.

평행감각이 워낙 뛰어나 한 발로 서도 넘어지지 않는다. 체온 손실을 막기 위해 다른 한 발은 몸에 꼭 붙인다. 두루미는 넷째 발가락이 퇴화해 나뭇가지를 붙잡을 수 없어 나무 위에서 휴식을 취할 수 없다.

두루미는 발을 물속에 담근 채 잠을 자도 동상에 걸리지 않는다. 발목 주변의 동맥과 정맥이 얽혀 있어 마치 열 교환기 같은 작용을 하기 때문이다. 차가워진 정맥피가 동맥피로 데워진 뒤 심장으로 올라가고, 심장을 거친 동맥피는 적당히 차가워진 다음 발끝으로 간다. 천적으로부터 자신을 보호하려면 탁 트인 습지에서 잠을 자야 하기 때문에 한 발로 자도록 진화되었다고 볼 수 있다.

두루미와 황새는 어떻게 다른가

흔히 사람들은 고고한 새로 두루미와 황새를 꼽는다. 우아한 자태가 사람들을 매혹시키기 때문이다. 두루미와 황새의 공통점은 겨울에만 볼 수 있는 겨울철새라는 점이다.

그러나 두루미와 황새의 생활 터전은 사뭇 다르다.

학이라 불리는 두루미는 뒷발가락이 짧고 다리 위쪽에 붙어 있어 쉽게 걸을 수 있지만 나뭇가지에는 앉을 수 없다. 따라서 두루미는 둥지를 땅 위에 만들고, 땅에서 생활한다. 머리는 붉은 피부가 노출되어 있으며, 번식기에는 더욱 밝은색을 띤다. 이른바 혼인색(婚姻色)이다. 동양, 특히 한국과 중국, 일본에서는 두루미를 장수의 상징으로 여긴다.

황새는 두루미와 달리 나무 위에 둥지를 지으며, 먹이활동을 하는 것을 제외하면 주로 나무 위에서 생활한다. 황새는 노랫소리를 내지 못하는 벙어리새다. 그래서 다 자란 황새는 노랫소리 대신 목을 뒤로 접고 큰 부리를 맞부딪쳐서 마치 대나무 통을 두드릴 때 나는 소리처럼 '따따따' 하는 소리를 낸다.

저어새류

저어새류는 노랑부리저어새와 저어새가 관찰되는데, 이 새들은 부리가 주걱 모양으로 넓적하다.

저어새는 멸종위기 야생동·식물 Ⅰ급이며, 노랑부리저어새는 멸종위기 야생동·식물 Ⅱ급이다. 또한 천연기념물로 지정된 희귀조류다.

백로과의 새는 대부분 한곳에 오랫동안 기다렸다가 날카로운 부리로 물고기를 잡지만 저어새는 긴 부리를 물속에 넣어 이리저리 저어 먹이를 잡는 운명을 가지고 태어났다. 다른 새들보다 상대적으로 먹이를 잡기 어려워 개체수가 점차 줄어들어 빨리 멸종될 가능성이 있다고 학자들은 보고 있다. 국제자연보전연맹(IUCN) 적색자료 목록에 멸종위기종(EN)으로 분류되어 있으며, 전 지구상에 약 2400마리(2012년 1월 국제 동시 조사 결과)밖에 남아 있지 않은 것으로 알려졌다.

먹이를 사냥할 때 이리저리 부리를 젓는다면 먹이 포획의 성공 확률이 떨어질 수밖에 없다. 먹잇감이 많을 때는 괜찮지만 먹이가 줄어들 때는 이 사냥법은 생존에 치명적으로 불리하다. 저어새와 마찬가지로 사냥 실력이 형편없어 멸종위기에 처한 새는 황새와 따오기 등이 있다.

저어새는 매우 예민한 탓에 사람이 접근하기 쉽지 않아 생태가 잘 알려져 있지 않다. 게다가 간척사업과 연안 개발 등으로 말미암아 서식 공간을 빼앗기고 먹이도 줄어들었을 뿐만 아니라, 우리가 모르는 또 다른 원인으로 멸종위기에 직면한 것은 아닌지 세심한 연구가 필요하다.

저어새

우리나라에 서식하는 저어새류는 저어새와 노랑부리저어새가 있다. 밥주걱처럼 생긴 부리를 좌우로 이리저리 저어 물고기, 새우 등이 걸리면 잡아서 삼킨다. 이런 행동 때문에 저어새라는 이름을 붙였다.

저어새는 따뜻한 남쪽에서 겨울을 보내고, 봄이면 고향으로 돌아와 둥지를 고치고 알을 낳아 번식한다. 저어새는 동아시아권에서만 사는데 우리나라에서 개체수가 가장 많이 관찰된다.

한국생태연구소에서 2014년 조사한 바에 따르면, 비도 등 북방한계선(NLL) 남쪽 무인도에서 번식한 저어새 9마리에 위치추적기(GPS)를 달아 파악한 결과, 이 가운데 비도와 구지도에서 태어난 두 마리는 7월 중순부터 북한 황해북도 연인군 갯벌에시 약 3개월긴 미문 것으로 밝혀졌다. 두 마리 중 비도 번식 저어새는 연평도 상공을 지나 약 700킬로미터를 비행, 다음날 중국 장쑤성 옌청시 해안습지에 도착했다. 구지도에서 번식한 저어새는 연안군 갯벌을 출발해 780킬로미터를 비행한 뒤 다음날 새벽 중국 상하이 양쯔강 하구에 도착했다.

이는 저어새(천연기념물 제205-1호)가 북한 황해도 연안의 갯벌에서 먹이활동을 하고, 중국 연안으로 이동한다는 사실을 최초로 확인한 것이다.

주걱처럼 생긴 넓적한 부리로 물속을 저어 먹이를 잡는 독특한 사냥법과 주홍빛으로 화려하게 빛나는 댕기깃, 하늘을 수놓는 아름다운 군무(群舞)로 저어새는 매우 귀한 대접을 받는다.

백로류

순천만에서 관찰된 백로류는 왜가리와 중대백로, 대백로, 중백로, 쇠백로, 황로, 검은댕기해오라기, 해오라기, 덤불해오라기 등 9종이다. 1년 내내 관찰된 종은 왜가리와 쇠백로 등 2종이다. 백로류 가운데 겨울철새인 대백로를 제외한 대부분은 여름철새이지만 일부 왜가리와 쇠백로는 월동지로 이동하지 않고 순천만에서 월동한다. 먹이가 풍부하고 번식하기 좋아 아예 순천만에 눌러앉은 것이다.

쇠백로

백로과에 속하는 새 중에서 덩치가 가장 작아 쇠백로란 이름이 붙었다. 온몸이 흰색이고 부리가 검고 길다. 남부지방에서 번식하는 집단이 점차 중부지방을 지나 북상하고 있다. 비교적 흔한 여름철새이자 텃새다.

철새가 텃새로 바뀌는 가장 큰 원인은 지구 온난화다. 철새가 텃새로 된 새는 왜가리와 백로류 외에도 2010년 이후 물총새와 제비, 물꿩 등으로 앞으로 더 많은 종류의 새가 텃새가 될 것이라고 학자들은 보고 있다.

순천만 자연생태공원을 중심으로 반경 10킬로미터 안에 백로류 집단 번식지가 3곳이나 있다.

학동마을 대숲에는 중소형 백로류 4000여 마리, 별량 장구섬에는 500~1000여 마리의 왜가리와 중대백로가, 율촌면 단도에는 1000여 마리 등 최대 6000여 마리의 백로류가 번식하고 있다. 우리나라에서 한 지역에 백로류 번식지가 3곳이나 있는 것은 매우 드문 현상이다.

왜가리

머리에 길고 우아한 검은색 댕기깃이 있다. 해안이나 하천가, 물가의 습지 등 우리나라 전역에서 번식한다. 여름철새이지만 최근 텃새화가 되어가고 있다.

대백로

몸 전체가 흰색이며 여름에 장식깃이 나타난다. 대백로는 백로류 중에서 유일하게 겨울철새이며, 중대백로의 아종으로 왜가리보다 덩치가 더 크다.

중대백로

왜가리와 함께 나무에서 번식한다. 묵은 둥지를 보수해 둥지를 틀고, 번식기 이외에는 논, 하천, 저수지, 호수 등지에서 생활한다.

중백로

백로류 중 중간 크기다. 부리는 겨울철에는 노란색이었다가 여름철에는 약간 검은색을 띤다.

황로

우리나라 전역에서 번식하는 흔한 여름철새로 초지, 가축 방목장, 논, 습지 등에서 생활한다.

해오라기

머리에 2~3개의 길고 가느다란 흰색 댕기깃이 있다. 날개, 가슴, 꼬리는 흰색이다. 논, 개울, 하천, 습지 등에서 서식한다.

어린 해오라기

제비

산업화가 되기 전에는 흔한 여름철새였으나 환경이 오염되면서 제비의 개체수도 급격히 줄어 관찰하기가 어려워졌다. 제비는 주로 사람이 사는 집에 둥지를 튼다. 이는 사람이 둥지를 천적으로부터 보호해줄 것이라는 믿음 때문이다.

물꿩

몸집이 꿩만큼 큰데다 목 뒤의 노란 깃털과 흰 깃털, 검은 깃털이 잘 어울리는 화사한 모습에 기다란 꼬리가 뻗어 있어 장끼처럼 보인다. 일처다부제 번식을 하며 대부분 수컷이 알을 품고 새끼를 기르는 일을 전담한다.

물총새

물고기를 잘 잡아 어호(漁虎, 고기잡는 호랑이)라는 별명이 붙었다. 물가 나뭇가지에 앉아 있다가 물고기가 보이면 쏜살같이 날아가 잡는다. 정지비행을 하기도 하며 몸집에 비해 부리가 긴 것이 특징이다.

도요 · 물떼새류

도요류는 전 세계에서 96종, 우리나라에서 45종이 관찰되는 것으로 보고되었다.

중소형의 새로 대개 부리와 다리가 긴 편이며, 부리의 길이와 모양이 다양하다. 날개는 길고 폭이 좁으며 꼬리는 짧다. 몸의 색은 계절과 연령에 따라 변하며 대부분 북반구의 북부지방에서 번식한다. 장거리를 이동해 열대지방이나 남반구에서 겨울을 보내는 종이 많다.

물떼새류는 전 세계에서 67종, 우리나라에서는 12종이 관찰되는 것으로 알려져 있다. 중소형 물새로 눈이 크고 부리가 짧으며, 비교적 긴 다리로 걷거나 뛰어서 먹이를 잡는다.

비번식기에는 무리를 지어 생활하고 암수가 비슷한 종이 많으며, 둥지는 지상에 만든다.

도요·물떼새류는 이동시기에 우리나라 서남해안 갯벌을 중간 기착지로 이용하지만 일부 도요·물떼새류는 번식시기가 아닌 겨울철에도 월동한다.

도요·물떼새류는 도요목에 속하는 호사도요과, 검은머리물떼새과, 물떼새과, 도요과, 장다리물떼새과, 지느러미발도요과, 제비물떼새과 등 7개과에 속하는 종의 총칭이다. 도요·물떼새류는 순천만에서 39종이 관찰되었다. 우리나라를 찾는 도요·물떼새류의 대부분이 순천만에서 관찰된다고 할 수 있다.

민물도요

우리나라에서 흔한 도요새로 일부는 국내에서 월동한다. 바닷물이 들어와 만조가 가까워지면 바닷물을 피해 갯가로 모여든다. 비행할 때는 순식간에 방향을 틀어 하얀 배와 검은 등이 순간순간 바뀌는 역동적인 군무를 펼쳐 보인다.

청다리도요

날렵한 몸매를 자랑한다. 다리와 목, 부리가 길어 갯벌의 신사 같은 이미지를 준다. 다리에 초록빛이 감돌아 청다리도요라고 부른다. 옆구리와 엉덩이 쪽은 하얗다.

흑꼬리도요

동남아, 오세아니아 등지에서 겨울을 나고 번식지인 시베리아 등으로 향하다가 봄·가을철에 우리나라에 잠시 머무는 나그네새다.

붉은어깨도요

국제자연보전연맹 적색자료 목록에 취약종으로 분류된 국제보호조이다. 지구상에 약 38만 마리가 생존하는 것으로 추정하고 있다.

큰뒷부리도요

알려진 새 중 가장 극한의 여행을 하는 새로, 놀라운 이주를 하는 것으로 알려져 있다. 8일 동안 먹지도, 쉬지도 않고 대략 1만 킬로미터가 넘는 거리(지구의 1/4바퀴)를 비행하는 것으로 밝혀졌다.

노랑발도요

다리가 황색을 띠고 있어 노랑발도요라는 이름이 붙었다. 봄, 가을에 우리나라에 날아오고 동남아시아, 인도, 호주 등지에서 월동한다.

뒷부리도요

부리가 위로 길게 휘어져 있다고 해서 이름이 뒷부리도요다. 갯지렁이를 잡아 바닷물에 깨끗이 씻어 먹는 습성이 있다. 부리를 물에 적신 후 깃털을 다듬는다.

깝짝도요

봄, 가을에 잠시 머물렀다가 이동하는 나그네새다. 머리와 꼬리를 끊임없이 위아래로 까딱거려 깝짝도요라는 이름이 붙었다.

삑삑도요

흔하게 통과하는 나그네이자 드물게 월동하는 겨울철새다. 물이 고인 논이나 하천, 습지에서 생활한다. 주로 단독생활을 하며 꼬리를 끊임없이 까딱거리는 습성이 있다.

흰목물떼새

새계적으로 1000~25,000마리가 생존하는 것으로 추정된다. 꼬마물떼새와 외모가 비슷하며, 주로 하천변 자갈이나 굵은 모래밭에 둥지를 튼다.

개꿩

흔한 나그네새로 적은 수가 우리나라에서 월동하기도 한다. 검은가슴물떼새와 매우 비슷하여 구별하기 어렵다.

검은머리물떼새

천연기념물 제326호이며, 우리나라에서 주기적으로 번식하는 드문 텃새다. 머리는 검고 배는 눈처럼 희며, 붉은 부리를 가진 멋쟁이 새다.

민물도요의 군무

나그네새이자 남부지방에서는 흔한 겨울새다. 4~5월과 9~10월에 많이 관찰된다. 수십 마리씩 무리 지어 다닌다. 갯벌이나 얕은 풀숲에서 조개, 새우, 갯지렁이 따위를 잡아먹는다. 바닷물이 들어와 만조가 가까워지면 바닷물을 피해 갯가로 모여든다. 우리나라에서 흔한 도요류다.

2010년 4월에서 2011년 3월까지 순천만에서 관찰된 도요·물떼새류는 누적 개체수 총 28종 2만 2802마리였다.

번식지로 이동하며 북상하는 △봄철(4~5월)에 22종 5843마리 △늦여름부터 가을철(7~10월)에 23종 4036마리 △겨울철(11~12월)에 13종 1835마리가 각각 확인되었다.

봄철 최대 우점종은 민물도요였으며, 뒷부리도요, 청다리도요, 큰뒷부리도요, 노랑발도요 등의 순이었다.

가을철에도 최대 우점종은 역시 민물도요였으며, 흑꼬리도요, 뒷부리도요, 청다리도요, 흰물떼새 순으로 관찰되었다.

봄철에 많은 개체수가 관찰되었던 큰뒷부리도요와 노랑발도요, 중부리도요 등은 가을철에 소수만 도래하는 것으로 확인되었다.

반면 봄철에 거의 관찰되지 않았던 흑꼬리도요와 붉은어깨도요는 가을철에 각각 730마리, 196마리가 도래했다.

비번식시기인 겨울 동안의 우점종은 민물도요였으며, 검은머리물떼새, 댕기물떼새, 개꿩, 흰목물떼새, 마도요, 삑삑도요, 깝짝도요 등 8종이 월동하는 것으로 확인되었다.

특히 전 세계적으로 생존 개체수가 1000마리 미만으로 알려진 국제적인 희귀철새인 청다리도요사촌 1마리가 9월 순천만 인근 와온갯벌에서 관찰되었다.

청다리도요사촌은 국제자연보전연맹 적색자료 목록에 멸종위기종으로 올라 있고, 환경부 지정 멸종위기 야생동·식물 I급이다.

천연기념물 제326호로 멸종위기 야생동·식물 Ⅱ급인 검은머리물떼새는 주로 서해안의 여러 작은 무인도에서 번식하는 것으로 알려진 텃새이다. 순천만에서는 10마리가 서식하는 것으로 확인되었다.

도요·물떼새류 중 봄철에 가장 먼저 찾아드는 종은 멸종위기 야생동·식물 Ⅱ급인 알락꼬리마도요이며, 번식지로 북상하는 시기인 3월부터 4월까지 관찰되다가 6월 말부터 9월까지 다시 월동지로 남하하는 모습이 확인되있다.

큰뒷부리도요는 장거리 비행을 위해 자신의 신체 구조까지 변화시킨다. 알래스카 유콘 강 하구에서 먹이를 먹고 지방을 축적한다. 이 지방을 태워 얻은 에너지로 약 1만 킬로미터가 넘는 거리를 이동한다.

가슴 근육은 늘리고, 간과 콩팥은 줄인다. 위장은 텅 빈 상태로 몸무게를 최소화했기에 장거리 여행이 가능하다. 미국 국립지질조사국의 조류학자들이 큰뒷부리도요 9마리에 무선송신기를 달아 추적했다. 그 결과 큰뒷부리도요는 8일 동안 아무것도 먹지 않을 뿐만 아니라 멈추지 않고 논스톱으로 1만 1680킬로미터를 비행한 것으로 확인되었다.

2010년 가락지를 부착한 도요새가 다시 관찰된 사례는 4~5월에 북상하는 큰뒷부리도요 1마리와 2011년 3월 관찰된 민물도요 1마리 등 세 차례 확인되었다.

큰뒷부리도요는 모두 주황색 가락지로 호주 남동부에서 부착한 것이었고, 민물도요는 러시아 사할린 섬에서 부착한 것으로 확인되었다.

2013년 1월 5일 순천만에 반가운 손님이 찾아왔다. 긴부리도요가

긴부리도요

몸길이는 29센티미터이며 긴 부리는 직선이고 색깔은 검은색이며 기부는 엷은 황갈색을 띤다. 허리와 꼬리에 검은색 줄무늬가 조밀하게 있으며, 다리는 노란색이다. 여름철에는 아랫면이 어두운 붉은색을 띠고 흑갈색 반점이 흩어져 있다.

순천만에서는 처음 확인되었다. 얼음 위를 걷던 긴부리도요가 발레라도 하듯 화려한 날갯짓으로 포즈를 취한다. 긴부리도요는 시베리아, 알래스카 서부 해안에서 번식하고 미국, 멕시코 해안에서 월동한다. 1996년에 주남저수지에서 최초로 확인되었으며, 불규칙하게 우리나라를 찾아오는 매우 희귀한 나그네새다.

갈매기류

갈매기는 전 세계에서 102종이며, 우리나라에서는 32종이 관찰되는 것으로 알려졌다. 일반적으로 몸의 윗면은 회색이고, 아랫면은 흰색이다. 부리는 짧고 날개는 좁고 길다. 발에는 물갈퀴가 있다. 군집생활을 하며 집단 번식을 한다. 암수는 모양과 색이 대체로 같다.

순천만에서 관찰된 7종의 갈매기류 중 괭이갈매기는 주로 어린 개체들이며, 인근 외해(外海)의 번식지에서 번식한 뒤 순천만에 찾아든

붉은부리갈매기

발과 부리가 붉은 것이 특징이다. 번식기에는 사람이 가까이 가면 심하게 울부짖고 부근의 상공을 날아다니며, 때로는 사람을 습격할 것처럼 덤벼들기도 한다. 겨울 철새로 낙동강 하구, 순천만 등지에서 무리 지어 겨울을 난다.

것으로 학자들은 보고 있다. 겨울에는 거의 월동하지 않았다. 갈매기 중 가장 많은 우점종은 붉은부리갈매기였으며, 괭이갈매기와 검은머리갈매기, 갈매기, 재갈매기 순으로 나타났다.

드문 겨울철새로 국제자연보전연맹 적색자료 목록에 취약종으로 올라 있고, 환경부 지정 멸종위기 야생동·식물 Ⅱ급인 고대갈매기는 2010년 11월 와온갯벌에서 1마리가 관찰되었다.

소형 갈매기인 검은머리갈매기는 전 세계에 7천~1만 마리 정도가 생존하고 있는 것으로 추정되는 멸종위기종이다. 갯벌 간척과 번식지 훼손 등으로 개체수가 계속 감소하고 있다.

순천만에서 관찰되는 검은머리갈매기는 10월부터 찾아들기 시작해 이듬해 3월까지 최대 740마리가 월동하고 있는 것으로 확인되었다. 이는 전 세계 생존 개체수의 8.71퍼센트에 해당하는 대규모 개체군이다.

쇠기러기

기러기류는 경계심이 많아 시야를 확보할 수 있는 넓은 평야지역과 잠을 잘 수 있는 습지나 모래섬 등이 있는 지역에 도래한다. 추수하고 난 뒤 논에 남아 있는 낟알과 벼의 뿌리를 즐겨 먹는다.[(위) 비상하는 쇠기러기. (아래) 먹이활동에 나선 쇠기러기]

순천만에서 월동하는 검은머리갈매기에서 가락지가 부착된 개체들이 관찰되었는데, 대부분 중국에서 부착한 것으로 확인되었다.

오리류

습지의 대표적인 물새인 오리류는 고니류와 기러기류, 혹부리오리류, 수면성 오리류, 잠수성 오리류, 비오리류 등의 총칭이다. 우리나라에서는 52종 정도 관찰되고, 순천만에서는 26종이 관찰되었다.

오리류는 주로 겨울철에 찾아들며, 총 19종 6만 8633마리가 관찰되었다. 여름철에는 텃새인 흰뺨검둥오리, 겨울철새이지만 이동하지 않고 남아 있는 청둥오리, 고방오리 등 3종이 관찰되었다.

오리류 가운데 가장 많은 개체수를 차지한 것은 가창오리였으며, 청둥오리, 쇠기러기, 고방오리, 흰뺨검둥오리, 혹부리오리 등의 순이었다. 오리류를 생활형으로 구분했을 때 대부분이 수면성(水面性) 오리였으며, 잠수성(潛水性) 오리(흰죽지, 댕기흰죽지, 비오리 등)는 2.9퍼센트(5종 2003마리)로 소수를 차지했다.

잠수성 오리와 수면성 오리의 차이점은 먹이활동을 하거나 날아오를 때 쉽게 구분된다. 잠수성 오리는 몸을 물속에 넣어 먹이를 찾지만 수면성 오리는 자맥질을 해서 먹이를 찾는다. 수면성 오리는 먹이활동을 할 때 똥구멍을 하늘로 치켜드는 것이 특징이다. 잠수성 오리는 날아오를 때에 수면을 활주로 삼아 날아오르지만, 수면성 오리는 물을 박차고 곧바로 날아오른다.

고방오리

늪이나 호수, 해안 등지는 물론, 도시의 물가에서도 쉽게 볼 수 있다. 얕은 물속에 나는 풀과 씨앗 등을 물구나무를 선 모습으로 먹는다.

청머리오리

머리에 푸른빛이 도는 것이 특징이다. 주로 늪이나 하천, 연안습지 등지에서 생활하며 번식한다.

흰뺨검둥오리

수수하고 친근한 오리로, 전국에 걸쳐 서식하는 텃새다. 북녘에서 번식한 새로운 무리가 겨울을 나기 위해 우리나라를 찾기도 한다.

혹부리오리

부리와 다리가 붉은 것이 특징이다. 수컷은 번식기가 되면 빨간색 부리 위쪽에 혹이 생긴다고 해서 혹부리오리라는 이름이 붙었다.

쇠오리

몸길이가 약 35센티미터의 소형 오리로 이마와 정수리, 뒷머리는 붉은 갈색이며, 보랏빛 광택이 나는 짙은 녹색 선이 눈 주위에서 뒷목까지 이어진다. 암컷의 몸은 전체적으로 얼룩진 갈색이다. 나는 속도가 빠르며, 우리나라에서는 작은 무리 단위로 겨울을 나는 모습을 볼 수 있다.

흰죽지

잠수를 잘하며, 주로 물속에 있는 수초를 먹는다. 날개 쪽이 흰색이어서 흰죽지라는 이름이 붙었다.

흰비오리

몸길이 31~42센티미터로 잠수성 오리다. 수컷은 몸 전체가 흰색이며 눈 주변과 뒷머리, 그리고 등이 검은색이다. 암컷은 몸 전체가 회갈색이며 머리에서 뒷목까지 적갈색이다. 흔하지 않은 겨울철새다.

댕기흰죽지

검은색 댕기와 노란색 눈이 특징이다. 보라색 광택의 머리에 긴 댕기가 있는 오리라 해서 붙인 이름이다. 비슷한 종으로 붉은가슴흰죽지, 검은머리흰죽지가 있다.

기러기는 왜 브이(V) 자로 나는가

기러기는 비행할 때 대오를 만든다. 일자(一字) 대형과 브이(V) 자 대형인데, 옛날 사람들은 브이 자 대형을 사람 인(人) 자로 보았다. 人자 형은 기러기가 속도를 낼 때 사용하는 비행방법이다. 우두머리가 대오의 맨 앞에서 무리를 이끈다. 체력 소모를 줄이기 위한 지혜다. 이렇게 하여 30퍼센트 정도 체력을 절감한다고 한다.

우두머리의 날갯짓으로 발생한 공기 중의 양력은 날개 바깥쪽의 공기를 위로 상승하도록 해 주변 새들의 비행을 순조롭게 해준다. 우두머리 자리의 기러기가 지치면 교대를 한다.

기러기는 끼룩끼룩 소리를 내며 나는데, 이는 앞서가는 기러기에게 힘을 내도록 격려하는 소리라고 한다.

예부터 우리 조상들은 기러기를 상서로운 새[鳥]로 여겼다. 특히 노년의 편안함을 위해 노안도(蘆雁圖)를 즐겨 소장했다. 노안도란 '갈대 노'에 '기러기 안' '그림 도'로, 갈대밭에 기러기가 내려앉는 그림을 뜻하며 이를 가장 평화로운 모습으로 여겼기 때문이다.

기러기는 네 가지 덕목이 있는데 날 때는 브이 자 대형으로 날기 때문에 예(禮), 한번 짝을 맺으면 평생을 간다 해서 절(節), 어김없이 갔다가 어김없이 온다고 해서 신(信), 잠자거나 휴식할 때에는 보초를 세워 천적의 공격을 방어한다고 해서 지(智)로 알려지고 있다.

브이 자 대형으로 나는 이유는 힘이 센 기러기가 바람을 가르고 날면 어린 새나 힘이 없는 새가 따르기 쉽기 때문이다. 아주 오랜 옛날에는 신랑이 장가갈 때 산 기러기를 신부에게 바쳤는데 점차 산 기러기를 잡기가 어려워지자 나무기러기로 바뀌었다가 다시 원앙으로 바뀌었다고 한다. 하지만 원앙은 바람둥이 새여서 잘못된 풍습이라는 지적도 있다.
큰기러기와 쇠기러기는 모습에서 확연히 구별되는데, 덩치가 쇠기러기는 작고 큰기러기는 크며, 쇠기러기는 배에 얼룩무늬가 있고, 큰기러기는 부리 끝에 노란 테가 있다.

철새는 어떻게 장거리를 이동하나

야생동물들은 생존과 번식을 위해 엄청난 거리를 이동하면서도 어떻게 길을 잃지 않고 목적지를 찾을 수 있을까? 태양 고도의 변화, 후각 등을 이용하지만 지구 자기장이라는 보이지 않는 힘의 도움을 받는다는 것이 정설이다. 지구 자기장은 지구 전체를 감싸는 자석의 힘을 말한다.
지구가 거대한 막대자석처럼 기능하기 때문에 이러한 힘이 발생한다. 남극 부근에 N극이, 북극 부근에는 S극이 위치하고 있다. 손에 든 나침반의 N극이 북극(지리상의 기준에 따른 지구의 북쪽인 진북眞北)이 아니라 자북(磁北)을 가리키는 것도 이 때문이다.
막대자석처럼 지구 자력선의 방향도 남쪽의 N극에서 시작되어 북쪽의 S극으로 이어진다. 특히 자기의 방향은 위도에 따라 달라진다. 남극 부근에서는 위를 향하고, 적도 부근에서는 수평을 유지하며, 북극 부근에서는 아래를 향한다. 이러한 각도 차이를 복각(伏角)이라 한다.
지구상의 위치에 따라 자기장 세기도 다르다. 새들은 지구 자기장을 이용하여 복각과 자기장의 세기를 감지해 자신의 위치를 파악해 이를 바탕으로 방향을 잡는다.

특히 장거리를 이동하는 새들은 눈과 연결된 나침반과 부리와 이어진 지도를 뇌에 가지고 있는 것으로 과학자들은 보고 있다.

철새들이 시각을 지구 자기장을 확인하는 나침반으로 활용하는 것은 망막의 신경세포에 있는 크립토크롬(cryptochrome)이라는 광(光)감지단백질과 관련되어 있다. 크립토크롬은 빛의 변화 또는 자기장의 변화에 따라 전자의 이동이 일어나고, 그에 따라 두 가지 다른 상태로 존재한다. 이 두 가지 상태의 비율이 달라지면 이것이 뇌에 신호로 전달된다.

새들의 지도는 위쪽 부리에 있는 자석 철과 관련 있는 것으로 과학자들은 추정하고 있다.

독일 입자가속기연구소(DESY)의 연구팀이 X선 형광법으로 분석한 결과, 비둘기 윗부리의 500여 개의 수상돌기(樹狀突起, 신경세포에서 뻗어 나온 나뭇가지 모양의 돌기)에는 자성을 띤 자석 철이 붙어 있다는 사실을 확인했다. 각각의 수상돌기와 자석 철은 정해진 한 가지 방향의 자기장만을 감지해 신호를 증폭한 뒤 뇌로 전달하고, 이에 따라 개별신호를 지도로 재구성하는 것으로 추정된다.

녹음테이프처럼 지나온 길의 자기장 지도를 기억했다가 다음에 같은 길을 지나갈 때에는 자기장 지도와 대조하면서 이동한다는 것이다.

이는 새들이 나침반은 태어날 때부터 갖고 있지만 지도는 경험이 쌓여야 이용할 수 있다는 것을 의미한다.

기타 명금류

새들은 노래를 한다. 새가 운다는 표현보다는 노래한다는 표현이 더 적절하다. 사람들은 자신들의 잣대로 까악거리는 까마귀과의 소리는 노래가 아닌 날카로운 소리로 분류하고, 듣기 좋은 소리로 노래하는 새들을 묶어 명금류(鳴禽類)라 한다.

명금류는 지구상에 4000여 종이 살고 있는 것으로 알려졌다. 갯벌과 농경지, 그리고 갈대밭이 적절한 조화를 이루고 있는 순천만은 명

쇠붉은뺨멧새

눈가 주위의 뺨이 붉다. 참새와 비슷하지만 뺨과 다리가 붉어 구분된다. 숲이나 농경지 등에 서식하며, 딱정벌레나 씨앗 등을 먹는다.

금류에게도 좋은 서식지와 번식지가 되고 있다.

겨울철새인 스윈호오목눈이, 쇠붉은빰멧새, 검은머리쑥새가 겨울을 지내고, 힝둥새와 밭종다리, 북방검은머리쑥새, 촉새, 쑥새, 노랑턱멧새 등도 관찰된다.

순천만의 갈대밭과 풀밭, 인근 산간에서는 개개비사촌, 동박새, 휘파람새 등도 월동하는 것이 관찰되었다.

동박새

겨울에 꽃을 피우는 동백나무는 어떻게 꽃가루받이를 할까? 추운 겨울에는 벌, 나비 같은 곤충들이 날아다니지 않는다. 동박새는 동백나무 꿀을 좋아하기 때문에 꽃가루를 옮겨주어 열매를 맺게 해준다. 동백나무와 동박새는 서로에게 도움을 주며 살아간다.

밭종다리
날개 위로 한쪽 다리를 올려서 머리를 긁는 습성이 있다. 비슷한 종으로 붉은가슴밭종다리가 있다.

노랑턱멧새

노랑턱멧새 암컷

흔한 텃새로 산지 숲 가장자리나 관목 또는 냇가 덤불 숲에 마른풀을 이용해 둥지를 튼다. 식물의 씨앗과 곤충을 잡아먹는다.

북방검은머리쑥새

습지의 관목림이나 갈대숲에서 서식하는 흔한 겨울철새다. 부리가 반듯한 삼각형이다. 부리에서 목까지 검은 깃털이 퍼져 있다.

◆ **겨울철새**

수녀복을 입은 듯한 흑두루미와 잿빛의 재두루미는 대대들녘에서 많이 관찰된다. 이 새들은 주로 논에 떨어진 낟알을 먹는다. 두루미류는 부리가 잘 발달되어 새섬매자기 같은 땅속뿌리와 다년생 식물의 뿌리를 캐먹기도 한다. 갯벌 근처에는 부리를 이리저리 부지런히 저어 물고기를 사냥하는 노랑부리저어새를 볼 수 있다. 이 새들은 주로 동천과 이사천이 합쳐지는 '맑은물관리센터' 인근과 해룡천, S수로 북쪽 복원습지 등에서 관찰된다.

2010년 11월 순천만에 황새가 날아들었다는 반가운 소식이 전해졌지만 최근에는 잘 관찰되지 않는다. 황새는 1990년 이전만 해도 우리나라에서 흔하게 번식하는 텃새였지만 지금은 아주 드물게 찾아온다. 2014년 순천만에서 황새 1마리가 관찰되었다.

썰물로 갯벌의 속살이 드러나면 큰고니들이 검은 갯벌을 하얗게 수놓는다. 운이 좋은 날에는 200마리가 넘는 큰고니를 볼 수 있다. 가끔은 거위의 원종인 개리도 볼 수 있다. 개리는 크고 잘 발달된 부리를 마치 포클레인처럼 갯벌을 깊이 파서 먹이를 찾는다.

갈대숲 위로 검은 그림자가 드리운다면 그것은 분명 하늘의 제왕 독수리다. 순천만 상공을 정찰 비행하는 독수리는 매년 30여 마리가 관찰된다. 독수리는 먹이사슬의 최상위 포식자이지만 동물의 사체를 주로 먹어 생태계의 청소부라는 별명도 얻었다.

순천만 인근의 무논에서 먹이활동을 하는 청둥오리와 고방오리 등이 화들짝 놀라 갑자기 튀어오르면 솔개가 이들을 사냥하는 것인지도 모른다. 순천만에서 보기 드문 사냥꾼인 솔개는 상승기류를 타고 가끔 원을 그리며 비행하기도 한다.

솔개보다 덩치가 조금 작은 말똥가리도 갈대숲에서 작은 먹잇감을 노린다.
노을빛에 아름답게 비행하는 무리는 쇠기러기다. 순천만에서 가장 흔한 새다. 육중한 덩치를 자랑하는 큰기러기 가족도 갈대숲에 살포시 내려앉는다. 시베리아의 추운 겨울을 피해 이곳에 도착한 큰기러기는 먼저 도착한 쇠기러기와 재회한다.
검은머리갈매기도 순천만을 찾는 겨울 진객이다. 해마다 700여 마리가 이곳에서 겨울을 난다.

◆ **여름철새**

뙤약볕의 여름 탐조여행은 결코 만만한 일이 아니다. 하지만 갈대숲 곳곳에서 더위를 식혀주는 새들의 노랫소리는 새로운 활력소가 된다. 중대백로, 쇠백로, 황로, 해오라기, 왜가리 등의 백로과 새들이 순천만 주변에 둥지를 틀고 번식한다.
대대동 학동마을 대숲, 별량면 장구도, 율촌면 봉전리 단도가 주요 번식지다.
갈대숲에는 개개비, 덤불해오라기가 번식하고, 주변 농경지와 산에는 다양한 산새들이 새끼를 낳고 키운다. 운이 좋으면 온몸을 잔뜩 웅크리고 앉아 사냥감을 노리는 검은댕기해오라기를 볼 수 있다. 통통하고 귀엽게 생긴 새가 종종걸음으로 갯벌을 쫓아다닌다면 이는 꼬마물떼새다. 하루 종일 갯벌을 누비며 먹이를 찾는다.
갯벌에는 깝짝도요도 관찰된다. 꼬리깃을 쉴 새 없이 깝작거려 깝짝도요라는 이름이 붙었다. 이름처럼 몸을 낮추고 꼬리깃을 깝작거리며 사냥한다. 순천만 하늘에는 가끔 날렵한 몸매로 정지비행을 하는 쇠제비갈매기도 볼 수 있다. 모래나 자갈이 있는 하천변에서 주로 번식한다. 우아한 정지비행이 일품이지만 먹이 사냥할 때의 다이빙 솜씨도 뛰어나다.

◆ **나그네새**

눈이 녹고 갈대숲 사이로 봄바람이 불어오면 겨울 진객들은 번식지로 긴 여정에 오른다. 이 새들의 빈자리는 호주, 뉴질랜드 등지에서 월동하고 번식지로 이동하는 과정에 잠시 들른 도요·물떼새류들이 채운다. 여름철새들이 떠난 갯벌은 수만 킬로미터를 여행하는 나그네새들의 세상이 된다.

부리가 긴 마도요와 알락꼬리마도요가 갯벌의 명당자리를 먼저 차지한다. 부리가 위쪽으로 휘어 특이하게 생긴 뒷부리도요와 큰뒷부리도요도 먹이 찾기에 분주하다.

떼를 지어 하늘을 나는 민물도요, 뻑뻑도요도 순천만의 단골손님이다. 장다리물떼새와 뒷부리장다리물떼새, 긴부리도요는 순천만의 귀한 손님이다. 이 새들은 다리와 부리 길이, 식성에 따라 갯벌이나 논, 주변 습지에서 먹이를 찾는다.

수로를 따라 회색 스텔스기인 물수리가 물고기를 사냥하는 모습을 관찰한다면 이는 큰 행운이다. 물수리는 드물게 관찰되는 맹금류로 날카로운 발톱으로 순식간에 물고기를 낚아챈다.

이른 봄에는 빨간 스타킹을 신은 듯한 장다리물떼새가 화려한 외모를 뽐내며 갯벌을 누빈다. 하얀 몸에 날개와 머리는 검은색으로 흑백의 조화가 멋스럽다.

어디에 먹이가 많을까 하고 탐색하는 검은가슴물떼새도 심심찮게 보인다. 개꿩은 검은가슴물떼새와 함께 봄·가을 여행을 같이 하는 길동무다. 순천만에서는 자주 관찰되는데 검은가슴물떼새와 매우 비슷해 구별이 잘 안 된다. 둘이 사촌지간이기 때문이다.

빨간색 긴 부리와 검은 정장을 한 듯한 갯벌의 신사 검은머리물떼새도 보이고, 긴 부리와 긴 다리가 매혹적인 흑꼬리도요도 순천만의 싱싱한 먹거리에 이끌려 찾아든다.

◆ **텃새**

사철 이곳에 터를 잡고 살아가는 텃새도 순천만의 귀한 존재들이다. 텃새들은 주로 갯벌 주변과 야산, 농경지 등에서 둥지를 틀고 번식한다.

공격형 헬리콥터를 연상케 하는 황조롱이는 정지비행 솜씨가 매우 뛰어나다. 주로 대대들녘에서 작은 포유류를 사냥한다. 순천만의 붙박이 매는 최신예 전투기다. 매가 출현하면 주변은 긴장의 도가니로 바뀐다. 섬 등의 절벽에서 번식하는 매는 순천만 등지에서 먹이활동을 한다.

황조롱이는 소나무 가지에 앉아 날카로운 눈초리로 먹이를 찾는다. 작은 새와 곤충들에게 위협적인 존재다. 갯벌과 대대들녘, 야산 등지에서 먹이활동을 한다.

동천의 하류에는 가끔 흰목물떼새도 보인다. 꼬마물떼새를 닮았지만 이곳에 눌러앉은 텃새다. "꿩, 꿩" 하며 소리를 내고, 화려한 자태를 뽐내며 갈대밭 위를 날아간다면 이는 꿩이다. 가끔 탐조객을 놀라게 하는 꿩은 수컷은 장끼, 암컷은 까투리라 부르며, 순천만 갈대숲과 주변 야산이나 밭 등지에 자주 관찰된다. 평화의 상징 멧비둘기도 순천만 하늘을 자유롭게 날아다니고, 가끔 종종걸음으로 나무를 타고 오르내리며 먹이를 찾는 쇠딱따구리도 볼 수 있다.

겨울철새 **큰기러기**

시베리아의 추위를 피해 이곳을 찾아 큰기러기는 쇠기러기에 비해 개체수가 많지 않은 귀한 몸이다. 몸길이가 85센티미터인 대형 기러기다. 쇠기러기와 같이 가족단위로 생활하며 먹이를 먹을 때에는 삵이나 너구리 등 천적의 공격에 대비해 보초병을 둔다. 먹이는 수초의 줄기와 뿌리, 보리나 밀의 푸른 잎 등을 먹는다.

여름철새 중백로

순천만 인근에서 번식을 마치고 갯벌로 사냥을 나온 중백로가 먹잇감을 찾는다. 외모는 중대백로와 비슷하며 몸길이는 68센티미터 정도로 쇠백로와 중대백로의 중간 크기다. 우리나라에서는 비교적 드문 여름철새로 번식기에는 부리가 검은색이지만 겨울철에는 노란색으로 변한다. 습지나 얕은 물에서 걸어다니면서 물고기, 개구리, 미꾸라지 등을 사냥한다.

텃새 황조롱이

갈대숲에 사는 작은 포유류에게 황조롱이는 경계대상 1호다. 사냥에 나선 황조롱이는 정지비행술로 먹잇감을 사냥한다. 저수지, 숲, 개활지, 농경지와 도심지에서도 어렵지 않게 볼 수 있는 텃새이지만 천연기념물 제323-8호로 지정, 보호하고 있다. 수컷의 몸길이 33센티미터, 암컷은 38센티미터 가량이며 먹이는 주로 설치류, 양서류, 파충류, 작은 새 등을 잡아먹는다.

나그네새 청다리도요

몸의 등과 허리는 회갈색이고, 다리는 초록빛이 돌며, 옆구리(엉덩이)가 하얗다. 날씬한 몸매에 몸길이는 30센티미터 정도로 비교적 깊은 물속을 걷는다.

5

칠면초의 신비, 염생식물의 천국

_순천만의 식물

순천만은 염생식물의 보고(寶庫)다. 지구상에는 1560여 종의 염생식물이 있는 것으로 학계에 보고되어 있다. 순천만에 서식하는 염생식물은 조사한 학자들마다 조금씩 차이가 있는데 어떤 학자는 116종, 어떤 학자는 95종이라고 주장한다.

염습지는 주기적으로 소금기 있는 물(염수)의 영향을 받아 식물이 집단으로 사는 터(식생)가 형성된 곳이며, 염생식물은 염분 토양에서 발아, 생장, 생식 등의 생활사를 거치는 식물 모두를 말한다.

우리나라에는 칠면초를 비롯해 함초, 나문재, 해송, 지채, 해홍나물, 수송나물, 새발쟁이, 퉁퉁마디, 갯당근, 갯능쟁이 등 40여 종이 살고 있는 것으로 보고되어 있다.

"보통 식물들은 짠물이 있는 곳에선 말라죽는데 염생식물은 어떻게 바닷가에서 살 수 있지? 염생식물은 짠 것을 좋아해서 그런가?"

누구나 한 번쯤 가질 듯한 이 같은 물음에 대한 대답은 그렇지 않다이다. 연구에 따르면, 같은 서식지라도 소금(염분) 농도가 낮은 곳에 사는 개체가 더 잘 자란다. 결국 염생식물이 염류 토양을 좋아해서라기보다 경쟁을 피해 바닷가로 밀려와 적응했을 가능성이 높다고 할 수 있다. 그럼 왜 그 식물은 바닷가로 밀려났을까?

염생식물들은 대체로 키가 작다. 식물은 햇빛을 충분히 받으면서 살아야 하는데 큰 키의 경쟁사들을 피해 바닷가 쪽으로 왔을 가능성이 높다. 바닷가 쪽으로 오니 경쟁자들이 없어 햇빛을 방해받지 않고 실컷 받지만 과연 그것만으로 짠물과 만나는 이 척박한 환경을 견뎌낼 이유가 되는지에 대해서는 의문이 생긴다. 분명한 것은 염생식물은 뭍에서의 경쟁에서 밀려 갯벌이나 그 주변으로 왔고, 그들 나름대로 적응하는 능력을 키워왔다는 것이다.

염생식물은 오염물질을 잎과 뿌리로 흡수하거나 흡착해 제거한다. 게다가 갯벌생물에 영양분을 공급하고, 해양생물에 산란 및 서식공간을 제공해 갯벌생물과 해양생물의 다양성을 유지하게 하는 역할을 한다.

갯벌생물과 해양생물의 다양성 유지는 사람들의 식량자원 및 생물자원의 이용에도 기여하는 등 염생식물의 중요성은 아무리 강조해도 지나침이 없다.

염생식물은 크게 퉁퉁마디·나문재·칠면초·해홍나물·수송나물·갯개미취·갯질경·지채·솔장다리 같은 다육성 염생식물(줄기와 잎에 수분 함량과 염분NaCl 함량이 많은 식물), 천일사초·갯잔디·세모고랭이·비쑥·갯능쟁이·사데풀·갯까치수영·갯개미자리 등 바다육성 염생식물(줄기와 잎에 염분 함량은 많으나 수분 함량이 적은 식물), 갈대·산조풀 등 축적형 염생식물(수분 함량이 적으며, 줄기와 잎에는 염분 함량이 적으나 뿌리에는 염분 함량이 많은 식물)과 갯쇠보리·우산잔디·통보리사초·좀보리사초·갯메꽃·갯씀바귀·갯완두·갯방풍·갯강활·모래지치 등 사구식물(모래언덕에서 자라는 식물) 등으로 나눈다.

갯사초

바닷가 모래땅에서 자라는 여러해살이풀이다. 도요류들이 즐겨 찾는다. 일반 잔디처럼 뿌리줄기가 옆으로 뻗으면서 번식한다.

염생식물의 생존원리

김장할 때 배추에 소금을 뿌려서 절인 뒤에 양념으로 버무린다. 배추에 소금을 뿌리면 배추 안쪽은 소금 농도가 낮고 배추 바깥쪽은 소금 농도가 높다. 농도가 낮은 쪽에서 높은 쪽으로 물이 흘러들어가 높은 쪽 농도를 낮추는 작용을 '삼투현상'이라고 하는데 이를 이용해 배추 속의 수분을 적당히 조절하여 맛있는 김치를 만든다.

이 삼투현상으로 일반 식물은 소금기가 많은 땅(염류 토양)에서 수분을 모두 빼앗겨 말라죽게 된다. 그런데 염생식물은 염도가 높은 곳에서 어떻게 살 수 있을까? 수분을 뺏기지 않고 흡수하는 방법은 무엇일까? 그 식물들은 살기 위해 고도의 전략을 짠다. 식물 세포 안쪽이 염류 토양보다 염분 농도가 높아지면 토양에서 세포 쪽으로 수분이 이동하는 삼투작용이 일어난다. 염생식물은 이를 이용하는 것이다. 한마디로 과학에 능통한 식물이다.

그러면 식물에 위험한 염분 농도가 높은 수분을 흡수한 뒤에는 살기 위해 또 어떻게 할까? 필요한 수분과 염류를 남기고 나머지 염분은 배출하거나 세포 안에 저장해 피해받지 않도록 한다는 것이다.

열대 바다에서 자라는 맹그로브는 염분을 뿌리에서 배출해 피해를 막는다고 한다. 갈대는 뿌리에 염분이 많지만, 염분이 뿌리에서 잎으로 이동하는 것을 막는 데 많은 에너지를 사용한다. 갯능쟁이에는 염선이라는 기관이 있는데 염분이 스며들면 이 기관에 모아 몸 밖으로 배출하거나 염선세포를 스스로 죽게 한다. 경우에 따라 염분이 많은 잎은 스스로 떨어뜨려 염분을 밖으로 내보낸다. 염생식물에 대한 좀 더 전문적인 지식을 알고 싶다면『한국의 염생식물』(김은규 지음, 자연과 생태, 2013)을 보면 된다.

서식지 역할

염생식물은 게, 고둥, 갯지렁이 등에 서식처를 제공하고 피난처가 되어준다.

학자들은 염생식물이 발달한 곳은 염생식물이 분포하지 않는 지역에 비해 저서무척추동물상과 생물량이 2~3배 높은 것으로 본다. 이처럼 염생식물은 조류의 월동지, 서식지로도 매우 중요하다.

식물자원의 보고

염습지는 매우 제한적으로 분포하는 희귀한 생태계다. 과학자들은 육상 생태계에서 볼 수 없는 유전자원이나 새로운 물질이 발견될 가능성이 높다고 보고 있다.

예를 들어 거머리말(Zostera)이라는 수중 현화식물(flowering plant, 顯花植物. 꽃이 생식기관으로 밑씨가 씨방 안에 들어 있는 식물군)에서 다양한 항생제가 개발되고 있으며, 한방에서 함초(鹹草)라고 부르는 퉁퉁마디를 성인병 예방과 치료에 활용하고 있다.

우리나라뿐 아니라 세계적으로 부족한 관개시설, 지나친 비료 살포, 토양 오염과 해안 침수 등으로 경작지 토양의 염분 농도가 급속도로 증가하고 있어 내염성(염분에 견디는 식물) 작물 개발이 절실한 실정이다.

사위질빵

낙엽성 덩굴식물로 설사와 이질 등의 치료에 쓰인다. 덤불이나 관목의 가지 위에 하얀 꽃송이들이 무더기로 피어난다.(사진© 지성사)

며느리배꼽

턱밑 안에 열매가 들어 있는 모양이 배꼽을 닮았다 해서 붙인 이름이다. 며느리밑씻개와 비슷하지만 꽃이 며느리밑씻개는 붉고, 며느리배꼽은 연한 녹색을 띤 흰색이다.

달맞이꽃

해질 무렵이 되면 꽃이 핀다고 해서 붙인 이름이다. 다음 날 아침 해가 뜨면 꽃이 시들어버린다.(사진© 지성사)

닭의장풀

달개비, 닭의밑씻개라고도 한다. 풀밭이나 냇가의 습지에 흔히 자란다. 한방에서는 열을 내리고 이뇨작용을 하며, 당뇨병에도 쓰인다고 한다.

칡

덩굴성으로 뿌리는 갈근이라 해서 약용으로 쓰이며, 즙으로 마시기도 한다.(사진© 지성사)

코스모스

멕시코가 원산지로 길가, 가로수 등지에 많이 핀다. 우리 고유어로는 살사리꽃이라고 한다.

애기고들빼기

김치로 담가 먹기도 하며 척박한 환경에서도 잘 자란다. 사포닌 성분이 있어 맛이 써 인삼고들빼기라고도 한다.

미국자리공

1950년대 미국 구호물자에 묻어서 국내로 들어온 것으로 알려져 있다. 시골에서는 장독대나 화단에 조경용으로 심어놓기도 했다. 아이들은 포도송이처럼 검붉게 익은 열매를 따서 물감처럼 갖고 놀기도 했다.(사진© 지성사)

››› 순천만에서 자라는 염생식물

붓꽃

노랑꽃창포

순천만 인공습지
쇠물닭, 덤불해오라기 등 다양한 생명들이 이곳에서 번식한다.

강아지풀

개꼬리풀이라고도 하며 길가나 들에서 자란다. 꽃이삭은 2~5센티미터 정도다.

아까시나무

많은 사람들이 아카시아로 알고 있는 아까시나무는 콩과의 낙엽교목이다. 5~6월에 꽃이 피는데 향기가 짙다. 꿀벌이 좋아하는 꽃이다.

부들

물을 맑게 하는 정화작용이 탁월하다. 잎사귀가 부들부들하다고 해서 붙인 이름이다. 열매는 마치 소시지 같다.(사진© 지성사)

쇠뜨기

소가 잘 뜯어 먹는 풀이라는 뜻에서 쇠뜨기라고 부르게 되었다. 뱀머리를 닮아 뱀밥이라고 부르기도 한다.

식물은 우리에게 의식주를 제공할 뿐 아니라 경제적·문화적·정신적 가치를 창출하는 지속가능한 자원이다.

최근에는 생명공학기술의 발달로 많은 식물자원이 제약, 화장품, 식품 및 기능성 제품으로 개발되고 있으며 경제적 가치를 인정받고 있다.

식물은 산소를 배출해 환경을 정화하며, 생태계가 균형을 유지하는데 중요한 역할을 한다.

식물의 심미적 가치

해안에서 육지 쪽으로 칠면초, 퉁퉁마디, 가는갯능쟁이, 갯개미취 등이 분포하여 염습지를 아름답게 수놓는다.

제방의 둑이나 마을 근처 갯벌과 인접한 숲 가장자리 지역에서는 은백양, 환삼덩굴, 마디풀, 며느리배꼽, 옥매듭, 흰꽃여뀌, 사위질빵, 비름 등이 분포한다.

또 댕댕이덩굴, 오이풀, 비수리, 아까시나무, 여우콩, 자귀풀, 조록싸리, 칡, 박주가리, 등골나물, 비쑥, 사데풀, 이고들빼기, 코스모스, 청미래덩굴, 개솔새, 띠, 수크령 등이 자라는 것으로 조사되었다.

순천만에서 여수반도로 이어지는 곳에서는 갯당근, 갯방풍, 갯메꽃, 모래지치, 순비기나무, 사데풀, 모새달, 부들, 매자기, 어저귀 등이 자라는 것으로 나타났다. 식물 이름 중 맨 앞에 '갯' 자가 들어가면 갯벌에 사는 것으로 보면 된다.

방조제 안쪽 농로 가에는 소리쟁이, 애기수영, 미국자리공, 흰명아

고마리

메밀과 비슷한 열매가 달린다. 물가에서 무리 지어 자라며, 옛날에는 열매로 수제비 비슷한 음식을 해먹기도 했다.

주, 쇠무릎, 개자리, 달맞이꽃, 실망초, 메귀리 등이 조사되었다.

간척지 안의 수로나 하천에서는 갈대가 많았고, 쇠뜨기, 고마리, 물수세미, 닭의장풀, 강피, 돌피, 모새달, 물뚝새, 부들, 매자기, 송이고랭이, 세모고랭이, 방동사니, 천일사초, 하늘지기 등이 서식하는 것으로 확인되었다.

서남해안 갯벌 생태계 조사에서 47종이 서식한 것으로 보고되었지만, 순천만에서는 116종이 서식하는 것으로 보고되어 두 배가 넘는 종 다양성을 보여준다.

서남해안 전 조사지역에서 공통으로 확인된 종은 갈대, 갯잔디, 강아지풀, 메귀리, 소리쟁이, 칠면초, 나문재, 해홍나물, 갯질경, 사철쑥, 실망초, 큰방가지똥 등 12종이었다.

외래식물은 어저귀, 달맞이꽃, 소리쟁이, 은백양, 돼지풀, 망초, 미국가마사리, 미국미역취, 실망초, 코스모스, 메귀리 등이었다.

이 가운데 달맞이꽃이나 돼지풀, 미국미역취 등은 순천만 전역으로 퍼질 우려가 높아 이 식물들의 개체수를 줄이거나 퇴치하

조록싸리(위)
땅비싸리가 봄을 알린다면 조록싸리는 여름을 알린다. 온 산을 연한 분홍빛으로 물들이는 나무다.

환삼덩굴(아래)
귀화식물로 다른 식물을 휘감아서 말라죽게 하여 서식지를 넓혀간다. 우리 고유 식물에 해를 끼치는 식물이다.

는 노력이 있어야 한다고 학자들은 보고 있다.

수로를 따라 사초과 식물과 수생식물이 발달하고, 염분 농도가 높게 나타나는 곳에서는 나문재 군락과 칠면초 군락이 많다. 갈대 군락과 칠면초 군락 사이에서 갯그령, 메귀리가 혼합하는 군락이 조사되었다.

간척지 수로를 따라 습지대에서 돌피가 우점(생물 군집에서 군 전체의 성격을 결정하고 그 군을 대표하는 것)인 사초과 식물이 혼합해 있고, 지대가 높은 곳에서는 실망초 군락, 돼지풀 군락이 많다. 둑에서는 갯겨이삭 군락도 조사되었다.

소금기가 있는 갯벌에서 자라는 염생식물은 육지식물과는 모양과 색깔이 다르다. 염습지식물의 대표 주자는 갈대, 칠면초, 천일사초, 퉁퉁마디, 갯개미취, 해홍나물이다. 국내에서는 칠면초의 아름다움과 변화 과정을 가장 잘 관찰할 수 있는 곳이 순천만이다.

1년에 일곱 번 색깔이 변한다고 해서 이름 붙인 칠면초는 잎이 솔잎처럼 침형(針形)이지만 방망이처럼 도톰하다. 잎을 잘라 맛을 보면 짠맛이 난다.

붉은색의 칠면초 군락과 황금빛 갈대, 그리고 검은 갯벌이 어우러진 가을 순천만은 신비감을 더해준다.

염생식물 군락

해수의 영향을 가장 많이 받는 염생식물인 칠면초는 간석지에서 군락을 이루는 대표적 식물로, 나문재·갯능쟁이 등과 혼재되어 있다.

개체수로 보면 순천만에서 갈대 다음으로 많은 식물이다. 나문재는 제방 아랫부분에서 염분이 빠져나간 건조한 땅에서 군락을 이루며 칠면초·갯개미취 등과 함께 자란다. 갯개미취 군락과 갯질경 군락도 높은 밀도로 분포하고 있다.

바닷가 모래땅에서 출현한 군락은 순비기나무 군락과 갯메꽃 군락, 갯까치수영 군락이었고, 갯질경 군락도 흔하게 있다. 개체수별로는 제곱미터당 △갈대 170~180개체 △칠면초 400~600개체 △갯개미취 70~75개체 △나문재 80~90개체 △실망초 35~45개체 △돌피 40~47개체였다.

가을의 전설, 칠면초

요란했던 매미소리가 잦아들고 귀뚜라미의 합창이 들려올 무렵, 순천만 갯벌은 불붙기 시작한다.
단풍은 산에만 드는 것이 아니다. 갯벌에도 단풍이 곱게 든다. 칠면초가 가을 햇살을 받아 단풍물이 든다.
칠면초는 해안가에서 자라는 1년생 초본식물이다. 잎은 처음에는 녹색이지만 점차 홍자색으로 변해 갯벌을 붉게 물들인다. 자연이 빚은 걸작, 칠면초의 화려한 자태는 그리 오래가지 않는다. 가을이 깊어갈 무렵이면 신비로운 모습을 렌즈에 담는 것을 놓칠세라 전국에서 사진작가들이 몰려든다. 갈대가 갈색으로 갈아입기 전에 와야 갯벌의 진주, 칠면초를 볼 수 있다.

6

게와 조개가 판치는 세상

_순천만의 저서생물

순천만은 게와 짱뚱어 천국이다. 죽은 물고기를 자루에 담아 갯가에 놓아두고 한나절이 지나면 자루에 게가 가득 찬다. 게를 잡는 한 방식으로 고기 썩는 냄새로 게들을 끌어들인다. 게의 습성을 이용한 채집 방식이다.

전 세계에는 4500여 종의 게가 있고, 우리나라에는 183종이 서식하고 있다. 게는 종류만큼 서식환경 또한 다양하다.

게는 자기보다 작은 게를 먹잇감으로 삼거나 갯지렁이 등을 사냥하기도 하지만, 공통적이면서도 매우 중요한 먹이활동은 갯벌에 죽어 있는 동물들과 펄에 범벅 되어 있는 유기물을 처리하는 것이다. 게는 흙을 입에 넣어 유기물을 취한 뒤에 흙만 다시 뱉어내는 동작을 반복하는데 이 과정에서 갯벌로 흘러들어온 많은 오염물질들이 정화된다. 이런 분주한 일상이 가득 찬 곳이 순천만이고, 그래서 순천만 갯벌을

붉은발말똥게

붉은 발을 가졌으며, 말똥 냄새가 난다 해서 붙인 이름이다. 멸종위기 야생동·식물 Ⅱ급이며, 잡식성이다. 진딧물, 갯지렁이, 죽은 물고기, 식물잎 등을 먹는다.

들여다보고 있으면 마치 순천만 갯벌 전체가 들썩거린다는 느낌이 들기도 한다.

순천만에서 서식하는 생물 중에는 환경부 지정 멸종위기 야생동·식물 Ⅱ급인 갯게, 붉은발말똥게, 대추귀고둥, 기수갈고둥 등도 있다.

순천만 연안에서 쉽게 관찰되는 대표적인 생물은 농게, 흰발농게, 갈게, 방게, 도둑게, 방게, 칠게, 말뚝망둥어, 짱뚱어, 개소겡 등이다.

>>> **대추귀고둥** : 멸종위기 야생동·식물 Ⅱ급으로 순천시 별량면과 해룡면 능주리 일대에서 600마리 이상 서식하는 모습이 관찰되었다. 1속 1종밖에 없는 귀한 연체동물이다. 담수 영향을 받는 조간대(만조 때의 해안선과 간조 때의 해안선 사이의 부분. 만조 때에는 바닷물에 잠기고 간조 때에는 갯벌로 드러나는 등 생물에게는 혹독한 환경이다) 윗부분 갯벌에서 주로 서식하며, 껍데기 주둥이 지름이 17밀리미터 정도이고, 껍데기 높이는 34밀리미터 가량이다. 대추 모양의 각피로 덮여 있다.

바다와 강이 만나 서로 섞이는 곳인 기수역 생태계의 지표종으로 알려져 있다. 지표종은 특정 지역의 환경상태를 측정하는 척도로 이용하는 생물을 말한다.

대추귀고둥은 염분에 견디는 성질인 내염성이 뛰어나다. 패각 표면은 닳아 있는 경우가 많으며, 황색과 갈색 그리고 흰색 등으로 성장맥과 나선맥이 교차되어 나타난다.

서식 조건이 까다롭고 개체수가 매우 적으며, 무분별한 해안가 개발로 인해 멸종위기에 처해 있다. 현재 전북 부안·고창, 전남 영광·강진·보성, 경남 사천·남해 등지에서 서식하는 것으로 보고되었다. 대추귀고둥이 서식하는 지역은 갯벌 해양생태계가 건강하고 깨끗하다는 증거이다.

>>> **농게** : 사다리꼴의 등껍데기에 눈이 나 있는 위쪽이 약간 둥글고, 그 양끝은 가시처럼 날카롭게 돌출되어 있다. 광택이 감도는 표면은 짙은 쥐색에 작은 점무늬가 있으며, 집게다리의 크기는 암수에 따라 차이가 있다.

농게 암수

암컷의 집게다리는 모두 작지만 수컷의 집게다리 하나는 매우 크고 붉다. 다른 농게가 자신의 영역에 들어오면 큰 집게다리로 싸우기도 한다.

수컷에 비해 암컷의 집게다리가 작지만 두 집게다리의 크기는 같다. 이에 비해 수컷은 두 집게다리 가운데 한쪽이 월등히 크며 붉은색을 띤다. 집게다리의 집게는 길고 끝이 넓은 숟가락 모양이다.

덩치가 대체로 큰 편이라 퇴적물이 조금 딱딱한 갯벌 윗부분에 무리를 지어 굴을 파고 사는데 구멍의 깊이가 80센티미터에 이르는 경우도 있을 정도로 깊게 판다.

먹이를 찾을 때에는 무리 지어 나와 장관을 이루기도 하는데 간척사업 등으로 서식 장소가 많이 줄어들면서 개체수도 크게 줄었다. 일본에서는 젓으로 담가 먹기도 한다.

>>> **흰발농게** : 앞이 넓고 뒤가 좁은 몸통은 사다리꼴이다. 이마가 넓은 편이며 눈구멍은 가로로 길쭉하다. 몸통 뒷면은 앞뒤로 많이 기울어 원기둥의 곡면처럼 보인다. 암컷의 집게다리는 작고 대칭을 이루며, 집게가 다리에 비해 길고 끝이 넓어지면서 마주 휘었다.

수컷의 집게다리는 한쪽이 다른 쪽에 비해 매우 커서 집게 길이가 갑각너비의 2배 이상 되는 것도 있다. 네 쌍의 걷는 다리 중에 둘째와 셋째 긴는 다리는 크기가 비슷하고, 넷째 걷는 다리가 가장 작다.

갯벌 바닥에 수직으로 구멍을 파고 산다. 간조 때에는 모두 기어나와 바닥 표면을 긁어 먹다가 가끔 다리를 들어올리는 습성이 있다. 시각이 발달되어 있다.

>>> **갈게** : 등딱지의 길이는 2~5센티미터, 너비는 3센티미터 정도이며 털이 적어 매끈하게 보인다. 갯벌과 갈대밭에 구멍을 파고 산다. 순천만 갈대숲에서 자주 보인다.

조간대의 만조선 부근 진흙바닥에 구멍을 파고 산다. 간척지나 염전둑에 구멍을 파서 피해를 주기도 한다.

>>> **밤게** : 약간 거무스레한 녹색 바탕에 진한 고동색 얼룩무늬가 있다. 등딱지는 원형에 가깝고 윗면이 불룩하다.

집게다리는 억세게 생겼고 집게가 납작하다. 조간대 간조선(썰물이 되어 수면이 가장 낮아졌을 때 바다와 육지의 경계선) 부근 모래 또는 진흙 바닥에 산다.

일반적으로 게류는 옆으로 걷는 것이 보통이나 밤게는 느리기는 하지만 집게다리를 비스듬히 들고 앞으로 걷는다. 행동이 느리고, 건드리면 죽은 척하는 습성이 있다.

>>> **도둑게** : 등딱지가 사각형이며 앞뒤로 약간 기울었고 볼록하며 매끈하다. 이마는 넓고 앞 가장자리가 곧다. 두 집게다리는 대칭이다. 바닷가와 가까운 육지나 습지, 냇가의 돌 밑, 논밭 등지에서 산다. 우물가나 심지어 부엌에까지 들어가며, 여름철에는 해안의 산 위까지 올라간다. 부엌에 들어가서 음식물을 훔쳐 먹는다 해서 도둑게라는 이름이 붙었다.

>>> **방게** : 등껍데기가 단단하고 사각형이다. 너비가 길이보다 약간 길고 껍질의 가장자리에는 끝이 날카로운 이빨이 세 개 나 있다. 뒤쪽은 약간 오목하며 집게다리는 억세고 두 다리가 대칭을 이룬다.

갈대밭이나 기수지역 등 해안의 퇴적물에 구멍을 넓게 파고 산다.

도둑게
사람이 사는 집에 몰래 들어와 도둑처럼 음식을 훔쳐 먹는다고 해서 붙인 이름이다. 소라게처럼 사육이 가능하다.

방게
진흙 바닥에 구멍을 파고 살며 갈대밭에도 많이 관찰된다. 조림을 하거나 볶아서 양념을 한 뒤 먹기도 한다. 살과 알이 많아 방게 요리를 즐겨먹는 사람들이 많아졌다.

칠게

서렁게, 찍게, 활게 등으로도 불린다. 넓은 사다리꼴 모양이며 집게발은 하늘색이나 주황색을 띠고 있다. 수컷의 집게발은 크고 암컷은 작다. 게장으로 담가 먹기도 한다.

엽낭게

모래밭에 수직으로 구멍을 파고 산다. 먹이활동은 양 집게다리를 교대로 쓰며, 바닷물이 나간 지 몇 시간이 지나면 구멍 주위에 먹이를 먹고 골라낸 모래덩이가 많이 깔려 있다.

>>> **칠게** : 등껍데기는 옆으로 긴 사각형이다. 눈은 자루가 길어 안테나처럼 보인다. 굴의 모양은 사는 곳에 따라 조금씩 다르다.

흙 속의 유기물을 먹고 살며 어린 개체는 도요류의 먹이가 된다. 갯벌의 위쪽이나 물이 많은 펄에 산다. 순천만에서 잡히는 칠게는 주로 낙지잡이 미끼로 쓴다.

>>> **엽낭게** : 엽낭게는 순천만에서 잘 관찰되지 않아 개체수도 극히 적은 것으로 보고되었다. 모래 속 유기물을 섭취한다. 모래를 토해내는데 그 모양이 마치 쌀가루를 둥글게 빚어 고물이나 꿀 등을 바른 떡인 경단을 닮아서 관찰의 재미를 보여주는 게다. 경단을 빚듯이 모래를 뱉어내면서 모래를 깨끗하게 만드는 양이 하루에 자기 몸의 수백 배에 이른다고 한다. 1제곱미터의 갯벌에 수십, 수백 마리의 엽낭게가 서식하고 있으니 갯벌 전체로 보면 엽낭게가 정화하는 면적과 양이 어마어마한 셈이다.

가끔 두 다리를 치켜드는데, 이는 암컷을 찾는 구애행위다. 물이 들어오기 시작하면 엽낭게는 집을 짓는다. 포식자로부터 피하기 위해서다.

>>> **말뚝망둥어** : 가슴지느러미를 이용해서 갯벌 위를 이동하는 모습이 걷거나 뛰어다니듯이 보이며 매우 높이 솟아오르기도 해 마치 높이뛰기 선수처럼 보인다. 몸은 옆으로 납작하고 머리가 크다. 주둥이는 짧고 뭉툭하며, 작고 둥근 눈은 머리 위쪽으로 튀어나와 있다. 물고기들은 아가미로 호흡을 하는데 특이하게도 말뚝망둥어는 물속에서 헤엄치기보다는 갯벌 위에서 생활하는 것을 더 좋아한다. 그럼 호흡은 어떻게 할까? 입안에 실핏줄이 잘 발달되어 있어 공기 중의 산소를 직접 받아들인다고 한다.

말뚝망둥어
어류와 양서류의 중간쯤 되는 물고기다. 먹이활동 말고도 세력다툼, 구애행동 등 모든 것을 물 밖에서 하는, 모양만 물고기이고 실제는 양서류인 것처럼 보인다. 활동하기 어려울 정도로 밖이 추워지면 바다로 돌아간다. 영화 「괴물」의 괴물이 말뚝망둥어의 돌연변이라는 의견도 있다.

등지느러미는 길이로 줄무늬가 있으며 가슴지느러미와 꼬리지느러미의 가장자리가 둥글다. 갯벌에 수직형의 굴을 만들어 살고, 그 속에 산란을 한다.

새우나 게 등 작은 갑각류(甲殼類)와 식물성 플랑크톤인 규조류(硅藻類)를 먹고 산다.

>>> **짱뚱어** : 짱뚱어는 바다와 육지를 누비는 수륙양용 물고기다. 생김새와 생활습성이 말뚝망둥어와 비슷하지만, 뚜렷하게 구별되는 점은 지느러미 형태 그리고 몸과 지느러미에 있는 하늘색 반점이다. 등지느러미가 하늘을 향해 나 있는 것이 특징이다. 몸과 등지느러미와 꼬리지느러미에는 어두운 곳에서 빛나는 야광별처럼 보이는 하늘

색 반점이 있고, 등 쪽에 두 개의 지느러미 중 뒤쪽의 제2지느러미가 더 길다. 제1지느러미는 짧으나 상대적으로 높고 가시가 지느러미 밖으로 나 있다. 짱뚱어가 물 밖에 나와 있을 때는 입속에 물을 머금고 아가미나 입속의 점막, 피부 등으로 호흡한다. 망둥어에 대해 좀 더 깊은 정보가 필요하면『망둑어』(최윤, 지성사, 2011)를 보면 된다.

다른 짱뚱어가 영역을 침범하면 입을 벌리며 싸우는데 싸움은 짧은 시간(몇 초) 안에 판가름 난다. 집은 말뚝망둥어 굴보다 경사가 완만하

짱뚱어

인간의 12간지가 있듯이, 짱뚱어 한 마리가 12구멍을 파고 생활하기 때문에 예부터 신성시하는 물고기다. 짱뚱어는 갯벌에 구멍을 파고 사는 물고기로 가슴지느러미를 마치 다리처럼 이용해 기어 다닌다. 갯벌의 유기물을 먹고 깨끗한 물을 뱉어 갯벌을 정화하는 정수기라 불린다. 6~8월 산란기가 되면 수컷들은 짝을 찾기 위해 아가미와 지느러미를 활짝 벌리고 펄쩍펄쩍 튀는 구애를 한다. 이 화려한 구애작전 때문에 낚시꾼의 표적이 되기도 한다.

게 짓는다. 게나 새우 등의 작은 갑각류와 규조류를 먹고, 주로 기수역에서 산다. 6월이 되면 짱뚱어 몸에 변화가 시작된다. 수컷은 암컷을 차지하기 위해 춤을 추는데 공중구애는 짱뚱어 특유의 번식 전략이다. 암컷은 알을 낳은 뒤 굴을 빠져나가지만 수컷은 6천여 개의 알을 지킨다.

짱뚱어는 겨울잠을 자는 유일한 물고기로 알려져 있다. 땅 밑 1미터에서 동면을 하는데 그래서 일명 잠둥어라는 별명이 붙었다.

겨울이 되면 깊은 겨울잠에 들어가 봄이 되어서야 깨어나 갯벌의 주인공으로 등장한다. 흑두루미는 겨울에 시베리아에서 날아와 순천만에서 머문다. 이런 현상을 짱뚱어와 흑두루미의 이룰 수 없는 사랑이라고 한다. 이는 꽃과 잎이 따로 피기에 서로 만날 수 없어 그리워한다는 상사화의 유래 이야기와 비슷하다.

>>> **개소겡** : 망둑어과의 바닷물고기이지만 바닷물과 민물이 만나는 기수역의 갯벌에 산다. 개소겡은 순천·고흥·벌교 등지에서만 관찰된다. 순천에서는 개소겡(일명 대경이)무침을 개발해 순천만의 전래음식으로 자리매김하고 있다.

눈이 없는데 이는 눈이 퇴화해 피부 밑에 파묻힌 탓이다. 옛날에는 개소겡을 일본으로 수출해 부잣집에서나 먹었다고 한다. 『이상한 생물 이야기』라는 책에서는 영화 '에이리언'에 나오는 괴물의 입(구기口器. 무척추동물 특히 절지동물의 윗입술·큰턱·작은턱·아랫입술로 구성된 입)과 닮았다고 표현했다.

>>> **갯강구** : 모험을 다룬 영화에서 고대 무덤 속 어느 방에 사람이 들어서니 바닥에 있는 바퀴벌레들이 쫙 흩어지는 장면이 있다. 이런 장면을 우리는 바닷가에서 직접 체험한다. 바닷가 바위나 방파제 등에 아무 생각 없이 발을 디디면 바닥에서 검은빛의 벌레들이 쫙 흩어지는 무리가 바로 갯강구다. '강구'는 경상도 사투리로 바퀴벌레라고 한다. 여기에 바다를 뜻하는 '갯'을 붙인 것이 바닷가의 바퀴벌레 '갯강구'다. 생김새는 긴 더듬이 한 쌍을 가지고 있으며 이 더듬이는 아주 성능 좋은 레이더 역할을 한다. 그리고 다리가 일곱 쌍이 있어 민첩하게 움직일 수 있다. 바퀴벌레는 우리 주변을 오염시키는 공공의 적이지만 갯강구는 음식물 찌꺼기나 각종 유기물을 처리하는 청소부 역할을 한다.

날이 밝으면 활동을 시작하는 갯강구들이 없다면 해안가는 악취를 풍기는 쓰레기더미로 몸살을 앓을 것이다.

바다와 갯벌은 지구환경을 지키는 거대한 정화장치와 같다.

땅 위의 오염물질은 끊임없이 바다로 흘러들고 바다에 사는 무수한 생명체는 저마다의 배설물을 쏟아낸다. 바닥에 가라앉아 썩기 시작하는 생명의 흔적들 또한 바다가 안고 가야 할 고민거리다. 전 세계 바다는 13억 7000세제곱킬로미터의 물을 담고 있다. 오랜 세월 동안 묵묵히 오염물질을 정화해 나간다. 이런 숭고한 노력에 동참하는 생명체가 있으니 곧 게와 갯강구, 짱뚱어 같은 청소부들이다.

순천만에서 관찰된 저서생물은 대략 105종이다. 종별로는 갯벌의 청소부로 정화작용에 없어서는 안 되는 갯지렁이류가 단연 가장 많다.

이름도 재미있는데 녹색불꽃부채발갯지렁이, 네모부채발갯지렁이,

순천만에 서식하는 조개와 고둥류들
순천만에는 게 못지않게 고둥과 조개류가 많아 갯벌에 생명력을 불어넣는다.

심장부채발갯지렁이, 어리미갑갯지렁이, 치로리미갑갯지렁이, 두토막눈썹참갯지렁이 등 갯지렁이 종류만도 32종에 이른다.

갯지렁이, 게에 이어 세 번째로 많은 저서생물은 조개다.

흑인대복털조개, 새꼬막, 꼬막, 올리브복털조개, 갈색접시조개, 분홍접시조개, 붉은줄접시조개, 아기반투명조개, 운모조개 등 대략 18종이 서식하는 것으로 조사되었다.

고둥도 다양해서 총알고둥, 둥근얼룩총알고둥, 흑색반점기수우렁이, 빨강기수우렁이, 기수우렁이, 검정비틀이고둥, 갯비틀이고둥, 갯고둥, 뚱뚱이짚신고둥, 갯우렁이, 왕좁쌀무늬고둥 등 18종가량 조사되었다.

이처럼 순천만은 갯지렁이와 게, 고둥의 세상인 셈이다.

7

삵과 수달이 어슬렁

_순천만의 포유류

순천만에 서식하는 포유류는 그렇게 많지 않다. 이는 사람들의 왕래가 잦기 때문이며, 시야가 확 트여 있어 큰 포유류가 은신하기 어렵기 때문이다. 앞쪽은 바다이고 뒤편은 도심이라 포유류가 안심하고 살 수 있는 공간이 드물다.

그래도 환경부 지정 멸종위기 야생동·식물 Ⅱ급인 삵과 멸종위기 야생동·식물 Ⅰ급인 수달이 사는 것을 보면 이곳이 태고의 신비를 간직한 청정지역임을 보여준다.

고양이과의 삵은 고양이보다 조금 큰 편이며, 귀가 쫑긋 서 있는 것이 특징이다. 순천만의 밤을 지배하는 삵은 설치류와 노루새끼, 멧토끼, 청설모, 조류 등을 사냥한다. 간혹 낮에 갈대숲에 은밀히 숨어 있다가 새를 사냥하는 모습이 관찰되기도 하는데, 이는 순천만에 새가 그만큼 많다는 증거이기도 하다.

순천만에서 뭍의 제왕이 삵이라면 물의 제왕은 수달이다. 동천과 이사천 그리고 갯벌과 갈대숲에서 관찰되는 수달은 야행성 동물로 물고기를 사냥하기 좋게 진화되었다. 주로 계곡이나 맑은 강에서 서식하는 수달이 순천만에서 관찰되는 것은 이곳으로 흘러드는 동천과 이사천의 물이 오염되지 않은 까닭이라고 학자들은 보고 있다.

노루보다 덩치가 작은 고라니는 순천만 드넓은 벌판에 자주 눈에 띄는 포유류다. 워낙 겁이 많은 동물이라 사람이 나타나면 뛰어다닌다.

겨울을 막 넘긴 용기 있는 토끼가 서둘러 굴 밖으로 나오면 어떻게 될까? 여우에게 잡아먹히기 십상이다. 그래서 토끼는 조심스럽고 겁이 많다. 겁이 많은 토끼가 살아남는 것을 진화생물학에서는 '자연선택'이라 한다.

너구리와 족제비도 순천만의 가족이다. 먹이가 풍부해 너구리나 족제비들이 번식하기 좋은 곳이며, 간혹 가족들을 데리고 산책 나온 너구리와 족제비가 관찰되기도 한다. 청설모와 다람쥐를 비롯해 두더지, 멧밭쥐, 등줄쥐, 멧토끼 등도 많다. 11종의 포유류가 살고 있는 것으로 확인되었다.

삵

순천만 내륙의 먹이사슬에서 최상위 포식자다. 살쾡이라고도 부르며 고양이와 많이 닮았지만 고양이보다는 크다. 주로 밤에 활동하며 작은 동물이나 새, 물고기 등을 잡아먹는다. 간혹 민가로 내려와 닭이나 오리 등을 잡아먹어 농가에 피해를 주기도 한다.

수달

몸길이는 63~75센티미터, 꼬리길이는 41~55센티미터 몸무게는 5.8~10킬로그램이다. 형태는 족제비와 비슷하지만 덩치가 훨씬 더 크고, 수중생활을 하는 데 익숙하다. 천연기념물 제330호, 멸종위기 야생동·식물 Ⅰ급으로 지정·보호하고 있다.

너구리

살이 많아 움직임이 둔하기 때문에 생명의 위협을 느끼면 도망가기보다는 죽은 척을 한다. 상대가 건드리면 그제야 달아난다. 개과 중 유일하게 겨울잠을 잔다. 여우보다 몸통이 작고, 다리는 비교적 짧으며 입끝이 뾰족하다. 능글맞고 약삭빠른 사람을 일컬어 너구리라고도 한다.

다람쥐

몸길이는 15~16센티미터, 꼬리길이는 10~13센티미터이다. 낮에만 활동하며 나무를 잘 탄다. 주로 도토리, 밤, 땅콩 등을 좋아한다.

이 포유류들을 관찰 지역별로 보면 삵은 들판, 수달은 수문 부근, 고라니는 들판과 야산, 족제비는 들판, 청설모와 다람쥐는 야산과 갈대밭, 멧밭쥐는 갈대밭에서 각각 관찰되었다.

이 가운데 멧토끼는 우리나라에만 있는 고유종으로, 몸집이 크고 털이 굵으며 등 쪽에 검은빛이 돌고 꼬리가 길며 콧등이 넓다. 멧토끼는 산림지대의 활엽관목 숲, 초지 등 다양한 서식지에 분포하며, 순천만과 그 언저리에서 자주 보인다.

8

순천만 언저리 마을 이름의 유래

_이해의 첫걸음, 이름 알기

지명은 언어문화의 화석(化石)이다. 지명을 통해 우리는 그곳의 문화를 알아볼 수 있다.

순천만은 행정구역상으로 순천시와 여수시, 고흥군, 보성군이 둘러싸고 있다.

길게 뻗은 고흥반도와 여수반도로 에워싸인 만을 순천만이라고 하는데 순천시의 인안동과 대대동, 해룡면의 선학리와 상내리, 별량면의 우산리와 학산리, 우풍리, 마산리, 구룡리로 둘러싸여 있다.

순천시 서면 청소리 송치봉에서 발원한 동천은 순천시를 거쳐 순천만으로 흘러든다. 순천시 별량면과 도사동, 해룡면의 갯마을을 중심으로 그 지역에 전해져오는 이야기를 정리해보면 대략 다음과 같다.

>>> **별량면 학서** : 1300년경 강씨가 처음 살았고, 학서동(鶴棲洞)이라 부르다가 학서(鶴棲)라 부르게 되었다고 한다. 학서는 학이 휴식을 취하는 모습에서 붙인 이름이고, 이곳에는 강씨가 심었다는 감나무가 있다. 수령이 700년가량으로 둘레가 3미터, 높이는 16미터쯤 된다. 마을 사람들은 이 나무를 당산나무로 삼았는데 느티나무나 팽나무, 회화나무 등이 아닌 감나무를 당산나무로 삼은 것은 극히 이례적이다. 1978년까지 정초에 당산제를 지냈다고 한다.

>>> **장산** : 갯가마을이다. 갯벌이 펼쳐져 있고, 폐염전이 있다. 여수반도의 해룡면 앵무산 기슭이 바라다보인다. 처음 이름은 진등이었다고 한다. '진'은 '길다'의 방언 '질다'에서 바뀐 것으로 추정된다. 이 진을 한자로 옮기면 '장(長)'으로, '등'을 '산(山)'으로 바꿔 장산(長山)이 되었다.

>>> **화포와 우명** : 갯가마을로 원래 우리말은 곶개였다고 한다. 이를 한자로 옮기다 보니 곶포(串浦)가 되었다. 이 곶이 꽃의 옛말인 곶과 형태가 같은 '화(花)'가 되었고, '개'를 '포(浦)'로 표기하면서 화포(花浦)가 되었다. 바닷가로 불쑥 내민 곳을 곶이라 한다. 우리나라에 유명한 곶으로는 장산곶이 있고, 아프리카에는 보자도르 곶이 있다. 15세기 서양 사람들은 아프리카 서해안 보자도르 곶이 세상의 끝인 줄 알았다.

화포에서 500미터쯤 떨어진 갯가에 '쇠우리' 또는 '쇠리'라 부르는

화포 일출

순천만은 장엄한 해돋이와 황홀한 해넘이를 함께 감상할 수 있다. 갯벌의 해돋이로 순천시 별량면 학산리의 화포해변만 한 곳도 드물다. 칠흑처럼 어두운 새벽 바다 건너 산자락이 붉게 물든다. 물이 빠져나간 갯벌도 붉게 타오른다. 해돋이 후 학산 해안길을 따라가며 이른 아침의 바다와 마주하면 더없이 행복하다. 해넘이는 용산전망대가 단연 으뜸이지만, 와온해변은 한적해 일몰의 그리움과 서운함을 느끼기에 부족함이 없다.

우명(牛鳴)마을이 있다. 마치 소가 우는 형세라고 해서 붙인 이름이다. 예부터 정월에 용왕제를 지냈는데 1969년을 끝으로 이 제를 지내지 않는다고 한다.

>>> **마산리 거차** : 거차(巨次)는 우리말 곶(串)의 이두표기다. 전설에 따르면 청산의 장군봉에서 장군이 말을 타고 순찰을 하다가 매복한 적의 화살에 맞아 죽고, 주인 잃은 말이 그 자리에 멈춰 산이 되었다고 한다. 장군의 시신은 여(섬)가 되었다고 한다.

>>> **두고리 용두** : 용이 바다를 한가로이 구슬을 희롱하며 노는 형국이라 해서 용두(龍頭)라고 한다. 우리말 이름은 용머리인데, 두(頭)에는 머리라는 뜻도 있지만 밭머리, 논머리처럼 끝 또는 곁의 뜻도 있다.

>>> **해룡면** : 해촌면과 용두면의 첫 글자를 따서 해룡면(海龍面)이라고 한다. 『동국여지승람』에 해룡창이 있다고 기록하고 있는데 이곳에 곡물을 저장해 두었다가 배에 싣고 고흥, 해남, 목포, 법성포, 강화, 한강, 마포 등지로 운송하던 곳이었다고 한다.

>>> **상내리 와온** : 우리말 이름은 눈데미 또는 누운데미다. 한 스님이 산에 올라 봉우리에 있는 바위를 보니 마치 소가 누워 있는 것 같고, 산 아래에 따뜻한 물이 흐른다고 해서 와온(臥溫)이라 했다고 한다.

눈데미를 누운과 데미로 나눠 '누운'은 와(臥)로, '데미'는 '불에 데다'의 뜻으로 생각해 온(溫)이 되었다고 한다.

와온갯벌

번잡함을 피해 순천만의 내밀한 모습을 보고 싶다면 와온갯벌이 제격이다. 마치 갯벌이 지평선처럼 펼쳐진다. 무엇보다 찾는 발길이 적어 고즈넉한 분위기라 가슴에 추억을 담을 수 있다. 와온의 일몰은 화포의 일출에 비견될 정도로 심오한 느낌을 준다.

9

순천만, 어떻게 즐길까

_속살 들여다보기

>>> **용산 오르기** : 순천만을 한눈에 굽어볼 수 있다. S자 수로가 손에 잡힐 듯 들어온다. 산책과 등산의 중간 정도 느낌이다. 30분가량 걷는데 그렇게 힘들지도, 심심하지도 않다.

대대포구에서 무진교를 지나 갈대숲 데크로드(관찰로)를 따라가다 보면 용산 들머리에 닿는다. 용산에 오르지 않으면 순천만을 보았다고 할 수 없을 정도로 순천만 여행의 백미다.

이곳에서는 마치 새의 눈이 되어 산과 갯벌과 바다와 갈대숲을 바라볼 수 있다.

만조 시간이면 갯벌의 가장 높은 곳에 옹기종기 모여 물 빠지기를 기다리는 물새들이 보인다. 물가에서 도요류의 새들이 종종걸음으로 이리저리 옮겨 다니는 모습도 볼 수 있다. 탁 트인 전망이 시원스러워 발길 돌리기가 싫을 정도다.

탐사선
순천만 여행의 백미는 뭐니 뭐니 해도 탐사선을 타고 갯벌 깊숙이 들어가 보는 것이다. 구수한 전라도 사투리로 습지 해설을 들으면 더없이 흐뭇해진다.

>>> **탐사선 타보기** : 겉으로 드러나지 않은 순천만의 모습을 보고 싶다면 탐사선을 타볼 일이다. 대대포구에 정박해 있는 탐사선은 운항 당시 철새들의 안정적인 휴식과 먹이활동을 방해한다며 환경단체들의 거센 반발을 사기도 했지만, 지금은 어민들의 생활 안정과 탐방객들의 생태관광 활성화 차원에서 자연스럽게 받아들여지고 있다.

배를 타고 갯벌 깊숙한 곳까지 갔다 오는 탐사선은 마치 자연의 품으로 들어가는 듯한 느낌을 준다.

용산 일몰

해가 S자 물길 위로 떨어지는 모습은 그리움과 설움, 서운함이 한데 묻어난다. 와온 일몰이 신비감을 더해준다면, 용산 일몰은 장엄함 그 자체다. 갈대 군락과 드넓은 갯벌 너머로 뉘엿뉘엿 넘어가는 해를 보고 있노라면 마치 선계(仙界)에 있는 듯한 느낌을 준다.

용산 전망대 상공을 비행하는 흑두루미

순천만의 상징인 흑두루미가 화려한 노을 속으로 아름다운 비행을 펼치며 환상적인 광경을 연출하고 있다.

배 안에서 선장과 생태 해설사가 들려주는 안내는 구수하고 정겹다. 걸쭉한 전라도 사투리에 이방인들은 호기심과 편안함을 동시에 느낀다.

배가 지나가는 수로 곳곳에는 오리류, 도요류, 백로류의 새들이 먹이를 찾거나 놀라 날아오르기도 한다. 배의 엔진소리가 귀에 거슬려 개선이 필요하다는 지적이 많다. 새들의 먹이활동과 휴식을 방해하기 때문이다. 소리가 아주 작거나 소리 나지 않는 탐사선을 도입 또는 설계해서 만들어야 한다는 것이 생태 전문가들의 지적이다. 물때에 따라 운행 여부가 결정되니 미리 확인해보는 것이 좋다.

>>> **스카이큐브 타보기** : 소형 무인궤도열차인 스카이큐브는 시속 40킬로미터로 달리며, 출발역 정원역에서 도착역 문학관역까지 편도 12분가량 걸린다. 운행 구간은 4.6킬로미터 정도이다. 전기로 움직이는 무인운전 시스템으로 탑승 후 직원의 안내에 따라 승객이 직접 출입문에 있는 버튼을 누르면 자동으로 출발한다.

도착역에 있는 순천 문학관은 소설가 김승옥과 고 정채봉 작가의 생애와 문학 사상을 기리기 위해 건립되었다.

>>> **데크로드 따라 걷기** : 순천만 어귀 무진교에서 용산까지 이어진 데크로드는 탐방객이 부쩍 늘어나면서 주말에는 번잡한 느낌이다. 시간이 가능하다면 공휴일이나 주말을 피해 평일에 걷는 것이 좋다. 곳

갈대열차

스카이큐브가 도입되기 전에 운행되었던 갈대열차. 지금은 역사 속으로 사라졌지만, 순천만 탐방객들에게는 추억이 담긴 관광 열차다.

데크로드

환경 파괴를 최소화하고 갈대숲의 속살을 보는 데는 데크 탐방로가 최고다. 주말이나 공휴일은 밀려드는 인파로 번잡해 평일에 걸을 수 있다면 더할 나위 없이 좋다.

곳에 새와 게, 갯벌에 대한 설명판이 있어 읽으면서 가면 많은 공부가 된다.

대부분의 사람들은 설명판을 그냥 지나치는데 속속들이 갯벌의 모습을 들여다볼 수 있는 좋은 글귀가 많다.

데크로드 주변의 갈대뿐만 아니라 갈대숲에 있는 게들을 살펴보고, 그곳에 기대어 사는 곤충과 붉은머리오목눈이 등 작은 새들을 관찰해보는 것도 좋다.

되도록 한낮보다는 이른 아침이나 저녁 무렵 인적이 드물 때 걸으면 좋다. 비가 오는 날이나 눈 오는 날이면 갯벌의 한적함을 느끼기에 더없이 좋다.

붉은머리오목눈이

숲에서 풀씨, 곤충 등을 잡아먹는 붉은머리오목눈이는 뻐꾸기의 탁란(새가 다른 종류의 새의 둥지에 알을 낳아 대신 품어 기르도록 하는 것)에 대리모 역할을 한다.

고추잠자리

어릴 때는 노란색을 띠다가 성숙하면 몸 전체가 빨갛게 된다. 습지에 많이 서식하며 한여름에 많이 날아다닌다.

깃동잠자리

깃동잠자리는 가을까지 활동하는 모기와 날파리들에게는 저승사자나 다름없다. 소리 없이 날아가 날카로운 가시가 있는 다리로 낚아챈다.

노랑나비

날개색이 노란색이어서 붙인 이름이다. 암컷은 수컷에 비해 상대적으로 날개가 흰 편이다. 다른 나비들에 비해 빠르고 직선적이다.

네발나비

과수원의 썩은 과일 주변에 자주 모여들고 개체수도 많다. 네발나비는 다리가 원래 6개이지만 앞다리가 퇴화되어 사용하지 않는다.

남방부전나비

서식지 주변에서 멀리 벗어나는 적이 없다. 풀이나 바위 위에서 날개를 반쯤 펴고 앉아서 쉰다.

암끝검은표범나비

표범나비류의 한 종류다. 날개가 마치 표범의 가죽 같은 무늬가 있다 해서 붙인 이름이다.

왕자팔랑나비

주로 엉겅퀴, 개망초 등의 꽃에서 날개를 펴고 꿀을 빤다.

작은멋쟁이나비

매년 북유럽과 아프리카를 오간다. 학자들은 작은멋쟁이나비가 약 500미터의 고도로 날아 남쪽으로 이동하는 것을 밝혀냈다.

>>> 순천만에서 만나는 곤충

줄점팔랑나비

우리나라 전역에 분포한다. 가을에 개체수가 급격히 증가한다.

호랑나비

동양권에 분포하는 대표적 나비로, 다 자라면 몸길이가 45밀리미터에 이른다. 날개 셋째마디에 뱀눈 모양의 무늬가 있다.

벼메뚜기

주로 벼나 다른 식물의 잎을 갉아먹고 산다. 논이나 풀밭에서 흔히 볼 수 있다. 새나 개구리, 거미, 사마귀 같은 곤충에게 잡아먹히기도 한다.

톱다리개미허리노린재

더듬이가 길고 가늘다. 야산 등지에서 성충으로 활동한 후 이듬해 봄에 농작물로 이동, 피해를 주기도 한다.

장수풍뎅이(위) 참나무류의 수액에 주로 모여들고, 밤에는 불빛에도 잘 날아든다. **칠성무당벌레**(아래 왼쪽) 붉은색 딱지날개에 7개의 검은 점무늬가 있다. 평지와 야산, 풀밭에 주로 산다. **남색초원하늘소**(아래 오른쪽) 몸 전체가 흑청색이다. 앞가슴 등판에 짧은 검은색 털이 많다. 일명 송낙수염남털보하늘소라고도 한다.

››› 순천만 자연생태관 전경

순천만자연생태관

>>> 순천만 정원

>>> 순천만 주변 관광지 낙안읍성과 선암사

10

널배는 나의 몸, 피붙이

_갯벌과 함께 사는 사람들

여수시 소라면 사곡리 장척마을 앞에는 작지만 예쁜 조각품 하나가 갯가에 있다. 한종근 작 '노을의 향기'라는 이 작품에는 "아름다운 노을이 있는 여자만 갯벌에 널배 가득 꼬막을 싣고 집으로 돌아오는 아낙네의 행복한 모습"이라고 적혀 있다.

여수시 소라면, 순천시 율촌면과 별량면, 보성군 벌교읍 일대에는 꼬막을 캐는 어민들이 많다.

이 지역 어민들의 중요한 소득원인 꼬막을 널따란 널빤지로 만든 널배를 타고 캔다. 한쪽 발을 배 위에 올리고 또 한쪽 발은 갯벌에 대고 노를 젓듯 밀고 간다.

검게 탄 아낙네들의 이마엔 땀방울이 맺히고, 햇살과 물에 반사되는 복사열까지 더해 검은빛의 얼굴이지만 풍요로움이 있어 입가엔 언제나 미소가 흐른다.

>>> 갯벌에서의 널배 체험

꼬막은 크게 참꼬막, 새꼬막, 피꼬막 등 3종류로 분류한다. 등에 파인 선이 굵은 참꼬막 맛을 으뜸으로 친다.

원래 참기름, 참나무, 참꽃 등 '참' 자가 들어가면 그것이 엄청 좋다는 의미를 담고 있다. 우리말에는 참에 반대되는 말로 '개' 자를 쓴다. 이를테면 개오동, 개꽃(철쭉) 등의 이름은 벽오동보다, 그리고 참꽃(진달래)보다 조금 못하다는 뜻으로 쓰인다. 그런데 벌교에서는 새꼬막을 똥꼬막으로 부르기도 한다. 조금 못한 것으로 똥이라는 접두이를 붙이는 게 특이하다.

이곳의 새꼬막은 등에 선이 많고, 참꼬막보다는 크기가 조금 작으며 맛이 참꼬막보다는 덜하다. 피꼬막의 다른 이름은 피조개로, 크기가 참꼬막에 비교되지 않을 정도로 크다.

보성군 벌교 수산시장, 여수시 수산시장에는 이 세 종류의 꼬막을 팔고 있는데 값이 싸고 신선해 찾는 이들이 많다.

여수시 소라면과 순천시 율촌면 바닷가에서 보는 낙조가 일품이다. 큰 바람이 부는 날 갯벌의 파도는 마치 춤추는 발레리나를 연상케 한다. 하얀 이를 드러내는 보통 바다의 파도만 보다가 갯벌 바닥의 펄과 함께 섞여 출렁이는 회색빛 파도는 완전히 새로운 느낌을 안겨준다.

바구니 한두 개 겨우 얹어놓을 정도로 좁은 공간의 널배는 한쪽 무릎을 올려놓고, 나머지 발로 갯벌을 밀고 나가는 스노보드다. 최근에는 머드 스키(mud sky)라고 부르기도 한다. 널빤지이지만 갯벌에서는 유일한 이동 수단이다. 꼬막을 채취하는 데 없어서는 안 될 운송 수단이다.

보성군 벌교 앞 여자만은 다른 펄에 비해 입자가 곱고 부드러워 참벌이라고 부른다.

몸을 움츠린 한겨울 벌교 앞바다는 오히려 삶의 활력이 넘친다. 그 힘의 원천은 찰진 갯벌이고, 갯벌을 종횡무진 미끄러져 가는 널배다. 널배가 없는 꼬막과 낙지잡이는 상상할 수 없다.

삶의 애환이 오롯이 묻어나 눈시울이 뜨거워지는 '널배'를 읊은 시가 있다. 그 시에는 갯벌에서 일생을 보낸 어머니와 널배의 끊으려야 끊을 수 없는 고래 힘줄 같은 인연을 노래한다. 고래 힘줄 같은 '널배'가 지아비라도 되는 것일까, 죽거든 같이 묻어 달라는 어머니의 소망이 우리 마음속에 해일로 다가온다. 이처럼 갯벌 위에 써 놓은 갈매기 떼의 유서 같은 잔상이 흔들리는 어부의 노래가 된다.

순천만과 여자만 일대 어부들의 최고 소득원은 꼬막과 짱뚱어이지만, 낙지도 이곳의 주요 소득원이다. 다리가 8개인 낙지는 농게 등을 사냥한다. 낙지의 발에 걸리면 빠져나가기란 거의 불가능하다. 낙지 집 주위에는 게 등 갑각류의 껍질이 많다. 철저한 야행성인 낙지는 80~90개의 알을 낳는데, 부화까지는 100일 정도 걸린다. 낙지는 연어와 마찬가지로 새끼를 낳고 숨을 거둔다. 사체는 물고기 치어와 고둥의 먹이가 된다.

끊임없이 변화하고 생성과 소멸을 반복하는 생명의 땅 갯벌, 보물창고인 갯벌에는 바다나 육지에서 볼 수 없는 또 다른 무수한 생명이 살아 움직인다. 순천만은 살아 있다.

11

미래 예측, 감시 프로그램 운영을

_순천만 보존의 과제

전남대 성하철 교수는 순천만의 원형 보존과 지속가능한 발전을 위한 방안으로 미래 예측 시스템 구축, 철새 서식지의 안전 관리, 훼손된 갯벌 복원 등을 꼽았다. 주변 환경 요인에 따라 개체군 감소에 영향을 미치는 제한 요인을 파악해 대처해야 한다는 것이다.

경작지나 공장, 도시지역에서 나오는 지나친 유기 영양분이나 오염물질의 유입을 막고, 기름 유출이 우려될 경우 사전에 차단해야 한다.

새들은 인간에게 방해받기를 싫어한다. 이를 위해서는 안전한 먹이 자원을 제공하고, 휴식과 잠자리를 마련해주어야 한다. 군집생활을 하는 새들이 자칫 전염병에 감염되면 환경 재앙이 닥치게 된다. 체계화된 질병 억제 감시 프로그램 운영이 선행되어야 한다는 것이 학계의 주장이다.

순천만 또한 오염물질을 제거하고, 동물들이 스트레스를 받지 않게 해야 하며, 사람들에게 부당한 간섭을 받지 않도록 해야 한다. 생태관광 1번지로서의 위상을 확고히 하고 지켜나가기 위해서는 지역주민과 환경단체, 학계, 기관이 한마음이 되어 원시 갯벌의 숨결을 그대로 간직할 수 있도록 해야 한다.

겨울철 갯벌의 주변 논에 물을 가둬 철새들이 서식할 수 있도록 하거나 논의 일정 부분에 사계절 담수 비오톱(둠벙)을 조성하는 것 등은 생태계 보존에 보다 적극적인 자세라 할 수 있다.

주변 농지에서 살포하는 농약으로 땅과 물이 오염되는 만큼 국가나 지방자치단체에서 무농약과 저농약 재배를 적극 유도하고, 이곳에서 생산되는 농산물을 친환경브랜드 상품으로 판매한다면 환경이 살아나고 주민 소득이 늘어나는 일석이조의 효과를 거둘 수 있을 것이다.

자연친화적인 인공습지를 조성하는 것도 좋은 방법이다. 무엇보다 서식지 조사를 정기적으로 실시해야 한다는 지적도 있다. 순천만 일대의 서식지 형태와 종류를 정확하게 조사해야 한다는 것이다. 모든 것은 기초 조사가 이루어진 뒤에 환경보존을 위한 정책이 따라야 하기 때문이다.

적어도 1년에 한 번은 조사해야 한다는 것이 전문가들의 견해다. 정확한 조사는 보다 나은 환경정책을 펴는 데 중요한 자료로 활용됨은 두말할 나위가 없다.

뿌리 찾아 나선 습지탐사 10년

전봇대를 뽑아내어 두루미를 비롯한 철새들의 안전한 비행을 보장하고, 스카이큐브로 사람들을 자연으로 실어 나른다. 탐사선에 올라 갯벌 깊숙이 둘러보고, 데크로드를 따라 순천만을 산책하게 해놓은 인간의 손길이 따뜻하다. 순천만 이야기를 실타래처럼 풀어내는 해설사가 있어 배를 탄 사람들의 얼굴에는 미소가 번지고, 탐방로는 명상과 철학의 길이 된다.

전 세계 1만여 마리밖에 남지 않아 적색자료 목록에 올라 있는 흑두루미가 혹한을 피해 이곳으로 무리 지어 날아들고, 수많은 물새들이 아무런 방해를 받지 않고 한가롭게 노닌다.

순천만은 개발이 아닌 보존이 지역경제 발전에 얼마나 많은 도움을 주는지를 보여주는 모범적인 사례다. 1년에 1천억 원의 경제효과를 거둔다니, 순천만은 생물 종 다양성의 보고이면서 지역경제의 효자다.

8천여 년의 세월이 빚은 걸작, 세계적인 여행 가이드 북 『마슐랭 가이드』는 한국의 수많은 관광지 23곳 중 순천만에 별 3개(☆☆☆)를 주었다. 별 셋은 '매우 추천하는 곳'이라는 의미다.

순천만은 땅과 강, 그리고 바다가 만든 진주(眞珠)다. 오직 자연만이 빚어낼 수 있는 풍요롭고 건강한 모습이다.

지난 2008년『우포늪』발간을 시작으로『주남저수지』,『한국의 늪』,『낙동강 하구』,『우포늪 가는 길』,『늪은 누가 만들었나』에 이어『순천만』을 내놓음으로써 나는 나와의 약속을 지켰다. 무거운 짐을 벗은 듯 홀가분하다. 특히 우포늪, 낙동강 하구, 주남저수지, 순천만은 우리나라에서 열린 '2008 람사르협약 당사국 총회'의 공식 방문지였다. 습지를 찾아 나선 지 10년의 세월이었다. 나의 습지 탐사는 뿌리를 찾아 근본으로 돌아가는 원시반본(原始返本)이다.

[ㄴ]

[ㄷ]

[ㅁ]

[ㅂ]

[ㅅ]

[ㅇ]

[ㅈ]